Der
Pflanzen-
führer

Bäume, Sträucher, Blumen
und andere heimische Pflanzen

Anke Fischer

Der
Pflanzen-
führer

Bäume, Sträucher, Blumen
und andere heimische Pflanzen

NEUER
KAISER
VERLAG

Hinweis

Die Angaben zu den in diesem Buch vorgestellten
Pflanzen erfolgen nach bestem Wissen und Kenntnis-
stand. Eine Garantie für die Richtigkeit der Angaben
können Autorin und Verlag nicht geben. Eine Haftung
für Schäden und Unfälle wird aus keinem Rechtsgrund
übernommen.

© design cat GmbH 2017

Genehmigte Lizenzausgabe
NEUER KAISER VERLAG GmbH
Industriestraße 19
64407 Fränkisch-Crumbach 2017
www.neuer-kaiser-verlag.de

ISBN 978-3-8468-1031-6

Layout, Satz und Umschlaggestaltung:
design cat GmbH

Inhalt

Einleitung

Dieses Buch stellt 131 der bekanntesten heimischen Pflanzen vor: mit einem Bild und einem Kurzabriss über die Pflanze, mit den äußeren Merkmalen, dem Vorkommen und den jeweiligen Besonderheiten.

Flechten, Moose und Farne sind die erdgeschichtlich ältesten Pflanzengruppen und gehören zu den niederen Lebewesen.
Eine Flechte ist eine symbiotische Lebensgemeinschaft zwischen einem Pilz und einem *Photobionten* – einem Photosynthese betreibenden Partner –, der eine Alge oder ein Bakterium sein kann. In der symbiotischen Gemeinschaft entstehen die typischen Wuchsformen der Flechte. In Mitteleuropa gibt es rund 2000 verschiedene Flechtenarten.
Moose und Farne sind Sporenpflanzen. Sie besitzen keine Blüte, sondern vermehren sich über ihre Sporen.

Bäume und Sträucher gehören zu den Samenpflanzen. Sie blühen und bilden Samen aus, über den sie sich vermehren. In den Blüten der Samenpflanzen erzeugen Staubblätter die männlichen Pollenkörner, die im weiblichen Fruchtblatt die Eizelle befruchten. Typisch für Bäume und Sträucher sind ihre verholzten

Pflanzenteile, die ein Dickenwachstum aufweisen. Bäume und Sträucher können in Nadel- und Laubgehölze unterteilt werden. Sie bilden Gesellschaften in Form von Wäldern und Buschwerk.

Die *Nadelgehölze* (Nadelhölzer oder Koniferen) besitzen, wie es der Name sagt, nadelförmige Blätter. Als Nacktsamer zeigen sie unscheinbare eingeschlechtliche Blüten ohne besondere Blütenhülle. Ihre Samen wachsen oft in einem schützenden Zapfen. Aus den nacktsamigen Pflanzen entwickelten sich die bedecktsamigen Pflanzen, wie etwa die Laubgehölze.

Die *Laubgehölze* (Laubhölzer oder Laubbäume) bilden eine mannigfaltig gestaltete Blüte mit Staubblättern, Pollensäcken, einem geschlossenen Fruchtblatt und oftmals farbigen Blütenblättern aus und werden auch als Bedecktsamer bezeichnet.

Zu den Bedecktsamern zählen auch die *krautigen Blütenpflanzen*, die kaum verholzte Teile aufweisen, dafür mit ihren auffälligen Blüten beeindrucken. In diesem Buch sind die krautigen Pflanzen deshalb nach ihrer Blütenfarbe geordnet. Ausdauernde Blütenpflanzen sind mehrjährig und winterhart.

Fachbegriffe

Balgfrüchte
Öffnungs- oder Streufrucht mit einer trockenen Fruchtwand und mehreren Samen im Inneren.

Bedecktsamer
Pflanze, deren Samen in einem geschlossenen Fruchtblatt liegen.

Befruchtung
Die Verschmelzung eines Kerns des männlichen Pollenkorns mit dem Kern der weiblichen Eizelle bei der geschlechtlichen Fortpflanzung.

Bestäubung
Übertragung der Pollenkörner auf die Narbe der Blüte oder direkt zu den Samenanlagen.

Bienenweide
Pflanzen, die besonders viel Nektar und Pollen erzeugen und von Honigbienen besucht werden.

Brutknospen
Knospen, die von der Mutterpflanze abgelöst oder noch auf der Mutterpflanze sitzend Seitenwurzeln bilden können.

Einhäusigkeit
(auch: *Monözie)* – Weibliche und männliche Blüten auf einer Samenpflanze.

fertil
Fruchtbar; es sind vermehrungsfähige Keimzellen vorhanden.

Fruchtstand
Alle Fruchtbildungen, die sich aus dem Blütenstand bzw. den Blüten einer Pflanze entwickeln.

gegenständig
(Blätter) am Stängel oder Zweig einander gegenüberstehend.

Generationswechsel
Beim Generationswechsel einer Pflanze (z. B. Moos) wechseln sich geschlechtliche und ungeschlechtliche Fortpflanzung ab.

generative Vermehrung
Die geschlechtliche Fortpflanzung.

getrenntgeschlechtlich
Die Organismen einer Art sind in verschiedene Geschlechter getrennt, siehe auch *Zweihäusigkeit*.

Granne
Borsten- oder fadenförmiger Fortsatz an einem Pflanzenorgan. Bei den Süßgräsern können Grannen am Ende oder auf dem Rücken von Spelzen sitzen.

Griffel
Stielartiger Fortsatz des Fruchtknotens in einer Blüte.

Hülsenfrüchte
Länglicher Fruchttyp, den Hülsenfrüchtler entwickeln, und eine Streufrucht, in der sich die Samen aneinanderreihen und durch das Öffnen einer Bauch- oder Rückennaht entlassen werden.

Kapselfrüchte
Rundlicher Fruchttyp mit Fruchtknoten. Eine Streufrucht mit vorgebildeten Linien, an denen sich die Frucht öffnet, wenn sie eintrocknet oder verholzt, und die Samen entlässt.

Karyopsen
Spelzfrüchte bei Gräsern, einsamige Schließfrüchte, die oftmals von einer Spelze beschützt sind.

Kätzchen
Oftmals männlicher, hängender, ähriger oder traubiger Blütenstand aus unscheinbaren Einzelblüten von Bäumen und Sträuchern mit weichem Äußeren.

Kriechsprosse
Ausläufer oder Anhänge, die von einer Pflanze ausgehen, sich bewurzeln und selbstständig nach der Abtrennung existieren können.

Liane
Kletterpflanzen mit Wurzeln im Boden, die an Bäumen, Pflanzen oder senkrechten Gebilden emporklettern.

Photobiont
Zur Photosynthese befähigter Partner einer Symbiose.

pyramidal
Pyramidenförmig, der Form einer Pyramide ähnelnd.

radiärsymmetrisch
Blüten mit mehreren, durch die Längsachse verlaufenden Symmetrieformen, auch *strahlig* oder *aktinomorph* genannt.

Rhizome
Bezeichnung für Erdsprosse und Wurzelstöcke, d. h. für alle Sprossachsen, die waagerecht oder senkrecht unter der Bodenoberfläche wachsen.

Sammelfrucht
Verwachsungen von Einzelfrüchten; dazu gehören Sammelnussfrüchte, Sammelsteinfrüchte, Sammelbeeren- und Sammelbalgfrüchte.

Schirmchenflieger
Ausbreitungsstrategie von Pflanzen, bei der Haare und Schirme an Samen und Früchten sitzen, damit sie leichter vom Wind verbreitet werden.

Selbststerilität
Selbstunfruchtbarkeit; Pflanzen mit
Selbststerilität können sich nicht
selbst befruchten. Bei einer Bestäubung mit dem eigenen Pollen bildet
sich kein Samen aus.

sommergrün
Nur im Sommer Blätter tragend.

Sori
Ansammlung von Sporangien
(siehe unten).

Spaltfrucht
Frucht, die sich bei Reife an echten
Scheidewänden in ein oder mehrere
Teilfrüchte spaltet.

Spelze
Trockenhäutiges Blatt im Ährchen.
Bei Süßgräsern können Hüllspelzen,
Deckspelzen und Vorspelzen die Blüte
und auch den Samen umhüllen.

spiegelsymmetrisch
Blüte, die mit nur einer Symmetrieebene in zwei spiegelbildliche Hälften zerlegt werden kann; auch *zygomorph* genannt.

Sporangien
Sporangien sind die Behälter, in
denen die Sporen gebildet werden.

Sporen
In großer Zahl gebildeter Bestandteil
der ungeschlechtlichen Vermehrung
bei niederen Lebewesen wie Pilze, Algen, Moose und Farne. Sporen besitzen keine Geschlechtszelle.

steril
Unfruchtbar; es sind keine vermehrungsfähigen Keimzellen vorhanden.

Thallus
(auch: *Lager*) – Pflanzen-Vegetationskörper, der nicht in Sprossachse, Wurzel und Blatt unterteilt ist. Lagerpflanzen heißen auch *Thallophyten*.

vegetative Vermehrung
Die ungeschlechtliche Vermehrung,
etwa durch Ableger, Ausläufer oder
Brutknospen.

wechselständig
(Blätter) versetzt an einem Stängel
oder Zweig sitzend.

Zweihäusigkeit
(auch: *Diözie*) – männliche und weibliche Blüten kommen auf getrennten
Pflanzen vor.

zwittrig
Echt zwittrige Pflanzen besitzen nur
eine Art von Blüten mit männlichen
und weiblichen Fortpflanzungsorganen, den männlichen Staubblättern
und den weiblichen Fruchtblättern.

Teile des Blattes

Blattspreite

Blattstiel

Blattscheide

Blattstände

gegenständig

wechselständig

quirlständig

Formen des Blattrandes

glattrandig

gesägt

doppelt gesägt

gezähnt

gezähnt mit Dornen

schrotsägeförmig

gekerbt

eingebuchtet

Blattansatz

langstielig

ungestielt
oder sitzend

stängel-
umfassend

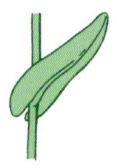
mit Neben-
blättern

mit Stipeln am
Blattansatz

Formen der Blattspreite (einfache Blätter)

nadelförmig | lanzenförmig | linealisch | lanzettlich | oval-lanzettlich | eiförmig

spitz eiförmig | verkehrt eiförmig | spatelförmig | elliptisch | kreisrund

nierenförmig | herzförmig | verkehrt herzförmig | rhomboid

dreieckig | pfeilförmig | zungenförmig | fiederspaltig

Zusammengesetzte Blätter

handförmig gelappt | dreiteilig | gefingert | fächerförmig gefingert

unpaarig gefiedert | paarig gefiedert | doppelt unpaarig gefiedert | unpaarig gefiedert mit Blattranken

Gewöhnliche Gelbflechte
Xanthoria parietina

Beschreibung

Merkmale ■ Familie der *Teloschistaceae*, gelbe Flechte mit ca. 10 cm großen Rosetten aus 1–5 mm großen Lappen
Vorkommen ■ Holz, Steine, Mauern
Besonderheit ■ Die gelbe Flechte wurde früher zum Färben von Kleidung genutzt.

Diese blattförmige Flechte (eine symbiotische Lebensgemeinschaft zwischen einem Pilz und einem Photosynthese betreibenden Partner wie Algen oder Bakterien) bildet ein gelbes Lager (Thallus) aus, das aus 1–5 mm großen Lappen besteht, auf denen die Fruchtkörper sitzen. Ca. 7% des Thallus nimmt der Photobiont ein, meist eine Grünalge. Auf der Flechte leben Hornmilbenarten, die Algen und Pilze über ihren Kot verbreiten. Die Gewöhnliche Gelbflechte benötigt Licht und wird im Schatten dunkler. Sie bevorzugt stark gedüngte Orte und wächst an Laubbäumen, aber auch an Mauern und Steinen.

Welliges Sternmoos

Plagiomnium undulatum

Das Wellige Sternmoos, auch *Bogensternmoos* genannt, ist ein auffälliges sattgrünes, lockeres Moos, das an vielen feuchten Stellen zu finden ist. Es besitzt zungenförmige Blättchen und fertile sowie sterile Stämmchen. Die sterilen sind unverzweigt und hängen ihre Spitzen bogenartig, die fertilen stehen dagegen aufrecht und sind rosettenförmig verzweigt. In ihrer Mitte sitzen die Sporenkapseln. Das Sternenmoos vermehrt sich wie alle Moose durch einen Generationswechsel. Es gibt männliche und weibliche Pflanzen.

Beschreibung

Merkmale ■ Familie der *Mniaceae*, ca. 5 cm hoch, Blättchen 1 cm lang und 2–3 mm breit, quergewellt, zweihäusig

Vorkommen ■ Feuchte Wälder, Wiesen

Besonderheit ■ Die Art zieht stickstoffreiche Böden vor und meidet saure Böden.

Sumpf-Torfmoos

Sphagnum palustre

Beschreibung

Merkmale ■ Familie der *Sphagnaceae*, bis zu 25 cm hoch, keine Wurzeln, Äste in Büscheln, eiförmige, hohle Blätter

Vorkommen ■ Feuchte bis nasse Nadelwälder, versumpfte Wiesen

Besonderheit ■ Hochmoore sind aus vielfarbigen Torfmoosen aufgebaut.

Das Sumpf-Torfmoos oder *Gewöhnliche Torfmoos* besteht aus einem blassgrünen, schwammigen Rasen, der bis zur mehrfachen Menge des eigenen Gewichts an Wasser speichern kann. Die einzelnen Blättchen sind oben zu einem Schopf verzweigt und dabei dachziegelartig übereinander angeordnet. Ihre Köpfe erinnern an Edelweißblüten. Das Torfmoos bildet auf vernässten Böden aufgewölbte Erhebungen, die als *Bulte* oder Kuppeln bezeichnet werden.

Torfmoose besitzen keine Wurzeln, sondern wachsen nur an der Spitze und sterben am Boden ab, woraus Torf entsteht.

Sprossender Bärlapp

Lycopodium annotinum

Der immergrüne Sprossende Bärlapp wird auch *Wald-* oder *Schlangenbär-lapp* genannt. Seine Stängel kriechen oberirdisch und können bis 1 m lang werden. Aus ihnen steigen Triebe auf. Daran wachsen nadelige Blätter, die waagerecht abstehen, und auf den Trieben sitzen die Sporophyllstände.

Der Sprossende Bärlapp liebt schattige, bodensaure Wälder, ist allerdings heute selten, weshalb er auf der Roten Liste der Gefäßpflanzen steht.

Beschreibung

Merkmale ■ Familie der Bärlapp-gewächse *(Lycopodiaceae)*, lange Sprosse mit aufsteigenden Trieben, bis zu 1 m lang, nadel-ähnliche Blätter
Vorkommen ■ Feuchte Nadel- und Moorwälder, Heide
Besonderheit ■ Bärlappgewächse entwickelten sich bereits im frühen Devon vor mehr als 370 Millionen Jahren.

Ackerschachtelhalm

Equisetum arvense

Beschreibung

Merkmale ■ Familie der Schachtelhalmgewächse *(Equisetaceae),* grüne sterile Triebe mit quirlständigen Blättchen, tiefe Rhizome
Vorkommen ■ Äcker, Wiesen, Wegränder
Besonderheit ■ Der Ackerschachtelhalm hat gerinnungshemmende Wirkung.

Der Ackerschachtelhalm heißt auch *Zinnkraut,* weil früher mit der kieselsäurehaltigen Pflanze das Zinngeschirr geputzt wurde. Die Rhizome wachsen bis zu 1,50 m in den Boden, seine grünen Triebe bis zu 50 cm in die Höhe. Typisch ist sein Erscheinungsbild: Die sterilen Stängel bestehen aus einzelnen Rippen und ineinander verschachtelten Abschnitten, wodurch die Pflanze ihren Namen bekam. An den Stängeln sitzen quirlig verzweigte Äste mit lanzettförmigen Blättchen. In der Heilkunde werden dem Schachtelhalm zahlreiche Wirkungen zugeschrieben.

Rippenfarn

Blechnum spicant

Dieser weit verbreitete grüne Farn hat lange Wedel mit lanzettförmigen Fiederblättchen oder schmalen rippenähnlichen Blättern, je nachdem, ob es sich um sporentragende oder sterile Wedel handelt. Der Rippenfarn vermehrt sich über Sporen, die durch Wasser oder Wind verbreitet werden. Er fühlt sich auf sauren bis schwach sauren Böden wohl und ist in Nadelwäldern und Mittelgebirgen anzutreffen. Den Winter überdauert der Rippenfarn als Rosette am Boden, wenn die Sporenträger abgestorben sind. Als Zierpflanze ist er an Gehölz- oder Teichrändern zu finden.

Beschreibung

Merkmale ■ Familie der Rippenfarngewächse *(Blechnaceae)*, sporenlose Wedel bis 50 cm mit Fiederblättchen, sporentragende Wedel im Zentrum
Vorkommen ■ Nadelwälder
Besonderheit ■ Diese Farnart wird zur flächendeckenden Begrünung in Gärten und Parks eingesetzt.

Gemeiner Frauenfarn

Athyrium filix-femina

Beschreibung

Merkmale ■ Familie der Wimpernfarngewächse *(Woodsiaceae)*, bis zu 1 m lange sterile und fertile Wedel (jeweils gleich lang), Blätter hellgrün, am Rand eingeschnitten bis gezähnt
Vorkommen ■ Feuchte, schattige Laub- und Nadelwälder
Besonderheit ■ Diese Farnart wird als Unterpflanze von Baum- und Strauchgruppen in Gärten verwendet.

Der Gemeine Frauenfarn, auch *Wald-Frauenfarn* genannt, ist sehr formenreich und in Europa weit verbreitet. Er wächst breit und buschig bis überhängend, liebt schwach saure bis neutrale, feuchte Böden und ist in schattigen Wäldern zu finden, wo er die Krautschicht bildet. Die Sporen entwickeln sich in kleinen Sporenbehältern, den Sporangien, auf der Rückseite der fertilen Farnwedel. Sie bilden längliche, hufeisenförmige Sporangienhäufchen *(Sori)* und sind für die Vermehrung des Farns verantwortlich.

Adlerfarn

Pteridium aquilinum

Der Adlerfarn ist weltweit zu Hause. Er bildet ein im Boden kriechendes Rhizom, das sich weit ausbreitet und bis zu 500 Jahre alt werden kann. Die hellgrünen Wedel werden bis zu 2 m lang und sitzen einzeln am unterirdischen Wurzelstock. Die Blattstiele werden bis zu 1 m lang. Ihr Querschnitt zeigt eine Doppeladlerform, wodurch der Farn seinen Namen erhielt. Die Sporenanlagen sitzen unter einem meist eingerollten Blattrand. Sporen bilden sich aber nur in sonnigen, milden Klimalagen und breiten sich durch den Wind aus. Die vegetative Vermehrung erfolgt über lange unterirdische Kriechsprosse.

Beschreibung

Merkmale ■ Familie der Adlerfarngewächse *(Dennstaedtiaceae)*, bis zu 2 m lange sterile und fertile Wedel (jeweils gleich lang), Spreite 2- bis 4-fach gefiedert

Vorkommen ■ Wald und Waldränder

Besonderheit ■ Die gesamte Pflanze ist giftig.

Gemeine Fichte, Rottanne

Picea abies

Beschreibung

Merkmale ▪ Familie der Kiefern-gewächse *(Pinaceae)*, aufrecht wachsend bis zu 40 m hoch, im-mergrün, Stammdurchmesser bis zu 1,5 m, Zweige quirlig angeordnet

Vorkommen ▪ Feuchte, lehmige, sandige Böden

Besonderheit ▪ Das weiche Holz der Fichte ist schnellwüchsig und wird als Bau- und Möbelholz genutzt.

Die Gemeine oder *Gewöhnliche Fich-te*, die auch *Rotfichte* oder *Rottanne* genannt wird, kommt in weiten Tei-len Europas vor und ist in Mitteleuro-pa die einzige Vertreterin ihrer Gat-tung (Fichten). Eine Fichte kann bis zu 600 Jahre alt werden, wird jedoch im Forstbetrieb nach 80 bis 100 Jah-ren geschlagen. Junge Fichten tragen eine rötlich braune, ältere eine graue borkige Rinde. Ihre flachen Wurzeln sind tellerförmig. Die Krone bildet sich kegelförmig aus, die Nadeln sind vierkantig und bis zu 2 cm lang. Sie können bis zu 7 Jahre alt werden. Die Fichte blüht alle 3 bis 4 Jahre.

Weißtanne

Abies alba

Die Weißtanne, die auch *Edeltanne* oder *Silbertanne* heißt, kann bis zu 600 Jahre alt werden. Sie trägt im Unterschied zur Fichte eine weiß-graue Schuppenborke. Ihre flachen Nadeln sind scheinbar zweizeilig ge-scheitelt angeordnet. Die Blütenstän-de bilden sich im Wipfel an Vorjah-restrieben aus. Die Zapfen zerfallen nach der Reife. Aufgrund seiner Resis-tenz gegenüber Feuchtigkeit wird das Holz im Erd- und Wasserbau genutzt. Die Weißtanne leidet unter dem Ver-biss von Reh- und Rotwild und un-ter der Weißtannenschildlaus, einem Schädling.

Beschreibung

Merkmale ■ Familie der Kiefern-gewächse *(Pinaceae)*, bis zu 60 m hoch, Stamm bis zu 3 m dick, hellgraue Borke

Vorkommen ■ Feuchte, nährstoff-reiche Mischwälder

Besonderheit ■ Der Bestand der Weißtannen hat in den letzten hundert Jahren stark abgenommen.

Waldkiefer, Föhre

Pinus sylvestris

Beschreibung

Merkmale ■ Familie der Kiefern-gewächse *(Pinaceae)*, bis zu 48 m hoch, Stamm bis zu 1 m dick, hellbraune grobe Borke, oberer Stamm rötlich, Nadeln bis zu 7 cm lang
Vorkommen ■ Trockene bis nasse Böden, Nadel- und Laubwälder
Besonderheit ■ Die Waldkiefer kann bis zu 600 Jahre alt werden. Die Pfahlwurzel der Kiefer reicht bis 6 m in den Boden.

Die Waldkiefer oder *Gemeine Kiefer* wird auch *Föhre* oder *Rotföhre* ge-nannt. Sie wächst sehr schnell und ist deshalb die zweithäufigste Baum-art in den europäischen Wäldern. Au-ßerdem wird sie als Holzlieferant in der Forstwirtschaft angebaut. Sie trägt immergrüne lange, blaugrüne Nadeln, die zu zweit an Kurztrieben sitzen und alle drei Jahre abfallen. Die Krone der Waldkiefer kann kegel- oder schirmförmig aussehen. Die Pflan-ze ist einhäusig, wird windbestäubt und blüht im Mai und Juni rosarot in den weiblichen Blütenständen. Daraus bilden sich die Samen, die über drei Jahre lang reifen.

Bergkiefer, Latsche — *Pinus mugo*

Die Berg- oder Latschenkiefer ist ein mehrstämmiger Großstrauch bis zu 3 m Höhe und wird aufgrund ihrer Erscheinung auch *Krummholz-* oder *Krüppelkiefer* genannt. Einer oder mehrere Stämme liegen am Boden und sind nur schwer zu erkennen. Aus ihnen wachsen scheinbar ungeordnet zahlreiche Äste. Als Baum der Krummholzzone ist die Bergkiefer bis zur Waldgrenze in 2700 m Höhe anzutreffen. Hier besiedelt sie Hänge, trockene, felsige oder kalte Böden. Auf dem einhäusigen Baum gibt es männliche und weibliche Zapfen, die nach zwei Jahren ausgereift sind und geflügelte Samen entlassen.

Beschreibung

Merkmale ■ Familie der Kieferngewächse *(Pinaceae)*, mehrere Stämme am Boden, schwarzgraue Schuppenborke, Äste bis zu 3 m lang, Nadeln paarweise, bis zu 8 cm lang
Vorkommen ■ Bergland ab 1000 m bis zur Waldgrenze
Besonderheit ■ Das Holz der Bergkiefer (Latsche) ist sehr hart und nur schwer spaltbar.

23

Europäische Lärche

Larix decidua

Beschreibung

Merkmale ■ Familie der Kiefern-
gewächse *(Pinaceae)*, bis zu
40 m hoch, graubraune furchi-
ge Borke, Nadeln in Büscheln
bis zu 60 Stück, jeweils bis zu
3 cm lang

Vorkommen ■ Ton- und Kalk-
böden, Mischwälder

Besonderheit ■ Ein 11 000 Jahre
altes kultisches Symbol wurde
aus Lärchenholz geschnitzt; dies
ist das älteste bekannte Objekt
aus Lärchenholz.

Die Europäische Lärche ist ein sommergrüner Nadelbaum, der seine Nadeln nach intensiver, gelber Färbung
im Spätherbst verliert. Die frischen
grünen Nadeln wachsen ab dem
Frühjahr, sie sind weich und biegsam. Auf der einhäusigen Lärche sitzen männliche und weibliche Zapfen
und reifen nach der Befruchtung bis
zu sieben Monate. Auch nach der Sa-
menausschüttung bleiben sie noch
mehrere Jahre an den Zweigen und
fallen erst mit diesen ab. Lärchenholz
ist sehr hart und deshalb im Bau-
bereich und im Möbelbau beliebt.
Der Baum kann bis zu 800 Jahre alt
werden.

Gemeiner Wacholder
Juniperus communis

Der Gemeine Wacholder oder auch *Heide-Wacholder* kann als mehrstämmiger Strauch oder als einstämmiger Baum wachsen. Er ist weit verbreitet und wird in den verschiedenen Regionen jeweils anders genannt. Seine kurzen Nadeln sind spitz und zu dritt in Quirlen angeordnet. Die Krone des Baumes ist oval. Da Wacholder zweihäusig und getrenntgeschlechtlich wächst, gibt es männliche und weibliche Pflanzen. Die weiblichen Blütenstände reifen nach der Befruchtung über drei Jahre zu den bekannten schwarzblauen Wacholderbeeren.

Beschreibung

Merkmale ▪ Familie der Zypressengewächse *(Cupressaceae)*, Strauch bis zu 6 m hoch, als Baum bis zu 12 m hoch, glatte, grau- bis rotbraune Borke, Nadeln spitz, bis zu 2 cm lang
Vorkommen ▪ Sandige, felsige Böden, Heide, Nadelwald
Besonderheit ▪ Wacholder kann bis zu 600 Jahre alt werden.

Silberweide
Salix alba

Beschreibung

Merkmale ■ Familie der Weidengewächse *(Salicaceae)*, bis zu
35 m hoch, graubraune gefurchte Borke, Stamm zu 1 m dick,
breitkronig, Zweige überhängend, Blätter schmal lanzettlich
Vorkommen ■ Feuchte, nährstoff-
reiche Böden
Besonderheit ■ Die Rinde der
Weide wird in der Heilkunde zur
Fiebersenkung und Schmerzlin-
derung eingesetzt.

Ihren Namen erhielt die Silberweide
nach ihren schmalen, wechselständi-
gen Blättern, die im Licht aufgrund
ihrer Behaarung silbrig graugrün
glänzen. Der zweihäusige Baum bildet eine breite Krone aus. Die Kätzchen erscheinen ab März und werden
vom Wind bestäubt. Ab Juni reifen
daraus die Samen in zweiklappigen
Kapseln. Die Silberweide ist wärme-
liebend und wächst in Überflutungs-
gebieten, an Ufern von Bächen und
Seen. Sie wird im Garten- und Land-
schaftsbau auch als *Trauerweide* oder
Kopfweide gezogen. Die Weidenru-
ten (lange Zweige) werden als Flecht-
material für Körbe etc. verwendet.

Korbweide

Salix viminalis

Die Korbweide wird als Jungbaum am Stamm gekürzt und so zur Kopfweide kultiviert, sodass aus den dann wachsenden besonders langen Ruten verschiedene Flechtwaren wie Körbe oder Möbel hergestellt werden können. Die Ruten werden alle zwei bis drei Jahre geerntet. Die Pflanze ist zweihäusig, blüht vor dem Laubaustrieb im März und bildet dicht silbrig behaarte Kätzchen aus, die von Insekten bestäubt werden. Sie bevorzugt feuchte Standorte und ist besonders robust gegen wiederkehrende Überschwemmungen, weshalb sie in vielen Flussauen zu finden ist.

Beschreibung

Merkmale ■ Familie der Weidengewächse *(Salicaceae)*, bis zu 10 m hoher Strauch oder Baum, graubraune gefurchte Borke, lange Ruten (Äste, Zweige), sommergrün, Blätter schmal lanzettlich

Vorkommen ■ Ufer von Bächen und Flüssen, Auwälder

Besonderheit ■ Von der Korbweide ernähren sich mehr als 20 Arten von Schmetterlingen.

Spitzahorn
Acer platanoides

Beschreibung

Merkmale ■ Familie der Seifenbaumgewächse *(Sapindaceae)*, Baum bis zu 30 m hoch, dunkel graubraune, längsrissige Borke, Blätter handförmig, fünflappig mit dumpfen Buchten, laubabwerfend, sommergrün

Vorkommen ■ Laubmischwälder, Straßenränder, auch als Zierpflanze

Besonderheit ■ Der Milchsaft der jungen Triebe wurde im 18. Jh. als Zuckerersatz verarbeitet.

Der breitkronige Spitzahorn ist in Europa weitverbreitet, oft in der Begrünung von Städten, in Parks und Gärten. Er kann zwittrige oder eingeschlechtliche Blüten tragen. Typisch sind seine in Rispen angeordneten Blüten, die vor dem Laubaustrieb im Frühjahr gelbgrün erscheinen. Aus ihnen reifen paarweise geflügelte Nüsschen. Im Herbst beeindruckt die lebhafte Gelb- und Orangefärbung des Laubs. Sein Holz ist bei Drechselarbeiten und im Möbelbau gefragt. Der Baum kann bis zu 200 Jahre alt werden.

Zitterpappel, Espe

Populus tremula

Die Zitterpappel, die auch *Espe* oder *Aspe* heißt, erhielt ihren Namen aufgrund ihrer Blätter, die an einem abgeflachten Stiel sitzen und im Wind zittern. Sie führten zu dem Ausspruch, jemand würde „zittern wie Espenlaub". Die Pflanze wächst zweihäusig, es gibt männliche und weibliche Bäume mit Blüten, die hängende Kätzchen mit bis zu 10 cm Länge bilden. Aus den weiblichen befruchteten Blüten bilden sich weiß-behaarte Samen, die sich über den Wind verbreiten. Die Zitterpappel gehört zu den wichtigsten Futterpflanzen zahlreicher Schmetterlinge. Sie wird ca. 100 Jahre alt.

Beschreibung

Merkmale ■ Familie der Weidengewächse *(Salicaceae)*, ca. 20 m hoch, anfangs glatte Rinde, später dunkle, längsrissige Borke, Blätter nahezu kreisrund, laubabwerfend, sommergrün
Vorkommen ■ Lichte Wälder, Weg- und Waldränder
Besonderheit ■ Rinde, Blätter und Triebspitzen enthalten schmerzstillende und entzündungshemmende Wirkstoffe.

Hängebirke

Betula pendula

Beschreibung

Merkmale ■ Familie der Birkengewächse *(Betulaceae)*, bis zu 25 m hoch, weißliche, abplatzende Borke, Stamm bis zu 0,9 m dick, Blätter dreieckig bis rautenförmig spitz, laubabwerfend, sommergrün

Vorkommen ■ Lichte Wälder, Waldränder, Wiesen

Besonderheit ■ In Skandinavien und Russland spielt die Birke eine wichtige Rolle im Volksbrauchtum.

Die Hängebirke, auch *Sandbirke* oder *Weißbirke* genannt, ist ein sommergrüner Baum, der durch seinen weißen Stamm und das erste helle Grün im Frühjahr bekannt ist. Die Krone ist zunächst schmal, später überhängend. Die Hängebirke ist eine einhäusige Pflanze; es wachsen männliche und weibliche Blüten ab April getrennt auf einem Baum. Die Nüsschen erscheinen ab August, sind dünnhäutig geflügelt und werden vom Wind fortgetragen. Als Pionierbaum besiedelt die Birke Brach- und Trümmerflächen. Sie kann bis zu 150 Jahre alt werden.

Schwarzerle

Alnus glutinosa

Die Schwarzerle trägt eine schwarzbraune, längsrissige Borke, die ihr den Namen gab. Mancherorts wird sie auch *Roterle* genannt, weil sich das frisch geschnittene Holz rot färbt. Sie bildet eine große, meist pyramidale Krone aus und trägt männliche und weibliche Blüten auf einem Baum. Ihre Fruchtstände bleiben über den Winter an den Ästen hängen. Als Pionierbaum wächst sie auf den meisten Standorten, auch auf nassen und sumpfigen Böden und bildet dort Reinkulturen, wie im Spreewald südlich von Berlin. Sie kann bis zu 120 Jahre alt werden.

Beschreibung

Merkmale ■ Familie der Birkengewächse *(Betulaceae)*, bis zu 30 m hoch, glatte grünlich braune, später schwarzbraune Borke, Stamm bis zu 1 m dick, Blätter verkehrt eiförmig, laubabwerfend, sommergrün

Vorkommen ■ Gewässerränder, auf feuchten Böden, kleine Bestände

Besonderheit ■ Die Erle wächst auch in sumpfigem Gebiet und wurde deshalb im Volksglauben oft mit bösen Mächten in Verbindung gebracht.

Gemeine Hasel

Corylus avellana

Beschreibung

Merkmale ■ Familie der Birkengewächse *(Betulaceae)*, mehrstämmiger Strauch bis zu 5 m hoch, glänzende graubraune Rinde, Stamm bis zu 18 cm dick, Blätter oval rundlich bis herzförmig, laubabwerfend, sommergrün
Vorkommen ■ Waldränder und Hecken
Besonderheit ■ Die Hasel sollte im Volksglauben Hexen und böse Geister abwehren.

Die Hasel wächst als Strauch bis zu 5 m hoch und ist in Mitteleuropa weit verbreitet. Sie besitzt weibliche und männliche Blütenstände, die Kätzchen bilden. Der Blütenstaub wird vom Wind zur Bestäubung verweht und löst bei vielen Menschen Allergien aus. Die essbaren Früchte, die Haselnüsse, enthalten Öl, Eiweiß und Mineralstoffe und werden seit Jahrhunderten verzehrt. Im Handel sind die Nüsse der Lamberts-Hasel zu finden. Auch viele Tiere fressen die Nüsse oder vergraben sie als Vorrat, wodurch die Samen verbreitet werden. Die Hasel wird bis zu 100 Jahre alt.

Hainbuche

Carpinus betulus

Die Hainbuche, auch *Weißbuche* oder *Hagebuche*, wächst als Baum oder Busch und gehört zu den Birkengewächsen und nicht zu den Buchen. Ihre männlichen und weiblichen Blüten befinden sich auf einer Pflanze und blühen ab April. Aus ihnen wachsen ab August kleine Nüsse, die im Oktober reif sind. Im Herbst verdorren die Blätter und bleiben oft lange am Baum hängen. Aus dem harten Holz werden Parkett oder Brennholz hergestellt. Die Hainbuche verträgt einen starken Rückschnitt und eignet sich deshalb auch für Hecken. Der Baum wird ca. 150 Jahre alt.

Beschreibung

Merkmale ■ Familie der Birkengewächse *(Betulaceae)*, Baum bis zu 25 m hoch, glatte, weißgraue Rinde, Stamm bis zu 1 m dick, Blätter eiförmig, laubabwerfend, sommergrün

Vorkommen ■ Laubwälder, Waldränder und Hecken

Besonderheit ■ Sie besitzt ein helles Holz, weshalb sie auch Weißbuche genannt wird.

Rotbuche

Fagus sylvatica

Beschreibung

Merkmale ■ Familie der Buchengewächse *(Fagaceae)*, Baum bis zu 30 m hoch, hellgraue, rissige Rinde, Stamm bis zu 2 m dick, Blätter eiförmig, laubabwerfend, sommergrün
Vorkommen ■ Laubwälder, Mischwälder
Besonderheit ■ Aus dem Holz wurden früher kleine Täfelchen zum Schreiben gefertigt, woraus vermutlich die Bezeichnung „Buch" entstand (nach „Buche").

Die Rotbuche ist die einzige in Europa weitverbreitete Buchenart und in heimischen Wäldern zu finden. Die *Blutbuche*, eine Unterart mit roten Blättern, wächst in vielen Parks. Ab einem Alter von 30 Jahren blüht die Rotbuche mit männlichen und weiblichen Blütenständen. Daraus entwickeln sich im Herbst die bekannten Bucheckern, die zu zweit in einem Fruchtstand sitzen und früher in Notzeiten als Nahrung dienten. Als Nahrung vieler Tiere finden die Samen Verbreitung. Ihren Namen erhielt die Pflanze wegen ihres leicht rötlich schimmernden Holzes. Die Rotbuche wird bis zu 200 Jahre alt.

Stieleiche
Quercus robur

Die Stieleiche oder *Deutsche Eiche* ist der bekannteste heimische Baum. Er wurde von vielen Völkern verehrt und steht als Symbol für Kraft, Macht, Frieden und Wachstum. Die Stieleiche gehört zu den wichtigsten Forstbäumen Europas und ist in Laubmischwäldern oder in Reinbeständen zu finden. Typisch sind ihre tief gefurchte Rinde, die breite, knorrige Krone und die dunkelgrünen gelappten Blätter in ihrer auffälligen Form. Ihre Früchte, die Eicheln, waren früher ein wichtiges Nahrungsmittel in der Tierzucht; vor allem Schweine wurden durch die Eichenwälder getrieben. Die Eiche kann bis zu 1000 Jahre alt werden.

Beschreibung

Merkmale ■ Familie der Buchengewächse *(Fagaceae)*, Baum bis zu 40 m hoch, dunkle, tief gefurchte Rinde, Stamm bis zu 2 m dick, Blätter kurz gestielt, tief gelappt, laubabwerfend, sommergrün

Vorkommen ■ Laubmischwälder, Eichenwälder

Besonderheit ■ Das zähe Eichenholz wird vielseitig verarbeitet, etwa für Pfähle, Fässer, Möbel oder Parkett. Die aufbereitete Rinde wird zum Gerben oder als Arzneipflanze bei entzündlichen Leiden eingesetzt.

35

Sommerlinde
Tilia platyphyllos

Beschreibung

Merkmale ■ Familie der Malvengewächse *(Malvaceae)*, Baum bis zu 40 m hoch, Stamm bis zu 9 m dick, längsrissige, dicht gerippte Borke, Blätter herzförmig spitz, laubabwerfend, sommergrün
Vorkommen ■ Laubmischwälder, Parks, Gärten, Straßenränder
Besonderheit ■ Sie stand früher im Zentrum eines jeden Dorfes. Unter ihrer breiten Krone wurde getanzt, gefeiert oder Gericht gehalten.

Die Linde kommt in unseren Breiten als Sommerlinde und *Winterlinde* vor, wobei die Winterlinde ca. 2 Wochen später blüht. Auch sind deren Blätter kleiner und oberseits unbehaart. Beide Arten sind in Wäldern, Parks und Dörfern anzutreffen. Ihre nektarreichen Blüten erscheinen in Trugdolden (d. h. sie ähneln Dolden) und werden in der Imkerei als Bienenweide genutzt, um den bekannten Lindenblütenhonig herzustellen. Auch in der Heilmedizin finden die Blüten Verwendung: Sie ergeben einen schweißtreibenden Tee. Linden werden bis zu 1000 Jahre alt, weil sie sich von innen heraus mit Trieben erneuern.

Feldulme

Ulmus minor

Die Feldulme galt früher vielerorts wie die Linde als Dorfmittelpunkt und Gerichtsbaum. Sie bevorzugt sonnige Plätze und Wärme. Ihre Blüten sind kurz gestielt und erscheinen in Büscheln ab März. Aus ihnen wachsen nach der Befruchtung elliptisch geformte, beflügelte Nüsschen, die der Wind verbreitet. Das Holz der Feldulme ist rötlich. Es heißt in der Fachsprache „Rüster" und war lange im Möbelbau begehrt, ist heute aber selten. Da sich die Feldulme gut zurückschneiden lässt, eignet sich die Pflanze auch als Hecke. Die Feldulme kann bis zu 600 Jahre alt werden.

Beschreibung

Merkmale ■ Familie der Ulmengewächse *(Ulmaceae)*, Baum bis zu 30 m hoch, längsrissige, geschuppte Borke, Blätter länglich elliptisch, spitz, unsymmetrisch am Blattgrund, laubabwerfend, sommergrün

Vorkommen ■ Lichte Laubwälder, Straßenböschungen, sonnige Lagen, auch als Zierpflanze

Besonderheit ■ Das verbreitete Ulmensterben geht auf einen Pilz zurück, den der Ulmensplintkäfer überträgt.

Gemeine Esche
Fraxinus excelsior

Beschreibung

Merkmale ■ Familie der Ölbaumgewächse *(Oleaceae)*, Baum bis zu 40 m hoch, Stamm bis zu 2 m dick, graue, breitgerippte Borke, Blätter gestielt mit unpaarigen, lanzettartigen Fiederblättchen, laubabwerfend, sommergrün
Vorkommen ■ Laubwälder, Auwälder, an Bächen und Flüssen
Besonderheit ■ In den letzten 20 Jahren hat ein Schlauchpilz ein Eschensterben in Europa verursacht.

In unseren Gefilden ist die Gemeine Esche auf sehr trockenen und sehr feuchten Böden anzutreffen und steht oft in Konkurrenz zur Buche. Die zwittrigen Blüten der Esche erscheinen in Rispen ab Mai. Der Pollen wird zwar von Bienen gesammelt, die Bestäubung übernimmt aber der Wind. Ab September reifen die kleinen beflügelten Nüsschen, die sich erst im Winter vom Baum lösen. Das Holz der Esche ist aufgrund der Festigkeit und Elastizität begehrt, weshalb es als Edelholz gilt. Ein Baum kann bis zu 200 Jahre alt werden. Die Esche spielt in der Religion der Wikinger als Weltenesche „Yggdrasil" eine wichtige Rolle.

Echter Kreuzdorn

Rhamnus cathartica

Der Echte Kreuzdorn wird auch *Purgier-Kreuzdorn* genannt, weil seine Früchte abführend wirken (*purgieren* = abführen). Der Kreuzdorn wächst als dorniger, verzweigter Strauch und als männliche oder weibliche Pflanze. Als Baum kann er bis zu 6 m hoch werden. Die grünen Blüten erscheinen ab Mai in Scheindolden. Nach der Befruchtung wachsen daraus schwarze, erbsengroße, runde Steinfrüchte. Früher stellten die Maler aus dem grünen Fruchtfleisch das „Saftgrün" her. Auch Papier und Leder wurden damit gefärbt.

Beschreibung

Merkmale ■ Familie der Kreuzdorngewächse *(Rhamnaceae)*, Strauch bis zu 3 m hoch, Rinde schwarzbraun, leicht rissig, Blätter länglich eiförmig, gegenständig, laubabwerfend, sommergrün
Vorkommen ■ Laubmischwälder, Waldränder, Gebüsche
Besonderheit ■ Die Früchte und Blätter sind giftig.

Sanddorn

Hippophae rhamnoides

Beschreibung

Merkmale ■ Familie der Ölweidengewächse *(Elaeagnaceae)*, stark verzweigter, bedornter Strauch bis zu 10 m hoch, Rinde graubraun, längsrissig, Blätter lanzettförmig, laubabwerfend, sommergrün

Vorkommen ■ Sandige oder salzhaltige Böden, Kies und Schotter

Besonderheit ■ Das Wurzelsystem des Sanddorns reicht bis in 3 m Tiefe.

Der Sanddorn wächst vor allem vor Küsten auf Sand, aber auch auf Kies und Schotter im Binnenland. Er ist zweihäusig und bildet männliche und weibliche Blüten aus, die ab März zu Trauben geordnet wachsen, ab September reifen daraus die Früchte. Viele Tiere verbreiten den Samen über ihre Ausscheidungen, nachdem sie die Früchte verzehrt haben. Die gelb-orangefarbenen, vitaminreichen Früchte des Sanddorns werden zu vielen Speisen verarbeitet und das Öl findet in Kosmetika Verwendung, fördert die Wundheilung und lindert Sonnenbrände.

Efeu

Hedera helix

Der immergrüne Efeu kann am Boden kriechen oder mittels seiner Haftwurzeln an Zäunen, Mauern oder Gerüsten klettern. Mit zunehmendem Alter verholzen seine Sprossachsen und er entwickelt sich zum Halbstrauch und Strauch oder wächst sogar baumartig. Die kriechenden Sprosse bilden fünflappige, spitze Blätter. Im Herbst blühen gelbgrüne Dolden aus zwittrigen Blüten, die bläulich-schwarzen Beeren reifen im zeitigen Frühjahr. Alle Pflanzenteile des Efeus sind giftig und werden in niedriger Dosierung in der Heilkunde angewandt. Efeu kann bis zu 450 Jahre alt werden.

Beschreibung

Merkmale ■ Familie der Araliengewächse *(Araliaceae)*, kriechende und kletternde Sprosse mit Haftwurzeln, Blätter der Klettersprosse fünflappig, Blätter der blühenden Sprosse rautenförmig, immergrün

Vorkommen ■ Feuchte Wälder, auch als Zierpflanze

Besonderheit ■ Efeu wird zur Begrünung von Fassaden und Mauern gepflanzt.

Besenginster

Cytisus scoparius

Beschreibung

Merkmale ■ Familie der Hülsenfrüchtler *(Fabaceae)*, Strauch bis zu 3 m hoch, lange besenförmige Zweige, Blätter lanzettartig, sommergrün

Vorkommen ■ Lichte Laubwälder, Wald- und Wegränder, Böschungen

Besonderheit ■ Der Besenginster besitzt Wurzelknöllchen mit symbiontischen Bakterien, die Stickstoff binden.

Der Besenginster gehört wider Erwarten nicht zu den Ginstern, sondern zur Gattung Geißklee. Er ist ein Schmetterlingsblütengewächs mit der typisch geformten Blüte, die beim Besenginster ab Mai intensiv dunkelgelb leuchtet und Insekten anzieht, welche die Pflanze bestäuben. Ab August bilden sich daraus die flachen, länglichen, bewimperten Hülsenfrüchte, die von Ameisen gesammelt und verbreitet werden. Seinen Namen erhielt der Besenginster daher, dass aus seinen Zweigen früher Besen hergestellt wurden. Er ist in allen Pflanzenteilen giftig.

Gewöhnliche Berberitze

Berberis vulgaris

Die Gewöhnliche Berberitze, auch *Sauerdorn* genannt, ist ein Strauch. Ihre leuchtend gelben Blüten, die in Trauben angeordnet sind, erscheinen im April. Sie duften stark und liefern den Insekten Pollen und Nektar. Die leuchtend roten Früchte, die ab August reifen, werden von Vögeln gefressen und verbreitet. Die Früchte dieser Berberitzenart sind essbar, schmecken jedoch sehr sauer. Aus ihnen lassen sich Marmeladen und fruchtige Tees bereiten. Aus der Rinde werden Stoffe für die Heilmedizin gewonnen.

Beschreibung

Merkmale ■ Familie der Berberitzengewächse *(Berberidaceae)*, bedornter Strauch bis zu 3 m hoch, glatte grüne Rinde, Blätter länglich eiförmig, laubabwerfend, sommergrün
Vorkommen ■ Wald- und Wegränder, Böschungen, Hänge
Besonderheit ■ Die Berberitze gibt es auch in Sorten mit weißen Früchten.

Schwarzer Holunder

Sambucus nigra

Beschreibung

Merkmale ■ Familie der Moschuskrautgewächse *(Adoxaceae)*, Strauch oder kleiner Baum bis zu 10 m hoch, längsgefurchte, korkartige, graubraune Borke, Blattfiedern mit fünf oder sieben Einzelblättern, laubabwerfend, sommergrün

Vorkommen ■ Wald- und Wegränder, Böschungen, Hänge

Besonderheit ■ Seine Früchte werden auch als Fliederbeeren bezeichnet.

Der schwarze Holunder, auch *Holler-* oder *Holderbusch* genannt, kommt in Europa sehr häufig vor. Er beginnt im März mit dem Laubaustrieb. Typisch für den Holunder ist das weiche, weiße Mark der Äste. Zur Blüte öffnen sich ab Juni weiße Schirmrispen, die stark duften und Insekten anziehen. Aus ihnen reifen ab August schwarze, glänzende beerenartige Steinfrüchte, die man auch Fliederbeeren nennt. Sie werden zu Säften, Suppen und anderen Speisen verarbeitet. Aus den Blüten können Tees hergestellt werden. Blätter, Rinde und unreife Früchte sind giftig. Der Holunder kann bis zu 100 Jahre alt werden.

Gewöhnliche Rosskastanie

Aesculus hippocastanum

Die Gewöhnliche Rosskastanie bekam ihren Namen daher, dass früher die Früchte an Pferde („Rösser") verfüttert wurden. Für Menschen sind die Kastanien nicht genießbar, werden aber in der Heilkunde eingesetzt, ebenso Blätter, Borke und Blüten. Die dunkelbraunen, glänzenden Früchte sitzen in kugeligen, bestachelten Kapseln. Sie reifen aus den weißen Blüten, die ab April aufrecht in Rispen stehen und vom Volksmund „Kerzen" genannt werden. Seit einigen Jahren wird der Bestand von der Rosskastanienminiermotte befallen, wodurch die Blätter vergilben und abfallen.

Beschreibung

Merkmale ■ Familie der Seifenbaumgewächse *(Sapindaceae)*, Baum bis zu 30 m hoch, runde, breite Krone, graubraune, gefelderte Borke, Blatt handförmig geteilt in 5–7 Fiederblätter, laubabwerfend, sommergrün
Vorkommen ■ Waldlichtungen, auch als Zierpflanze
Besonderheit ■ Die Rosskastanie ist der Baum, der in den meisten Biergärten Süddeutschlands Schatten spendet.

Waldgeißblatt
Lonicera periclymenum

Beschreibung

Merkmale ■ Familie der Geißblattgewächse *(Caprifoliaceae)*, Liane bis zu 25 m hoch,
rechts windend, Blätter eiförmig elliptisch, laubabwerfend,
sommergrün
Vorkommen ■ An Bäumen, auch
als Zierpflanze
Besonderheit ■ Zahlreiche Sorten
des Geißblattes werden in Gärten und Parks als Zierpflanzen
gepflanzt.

Das Waldgeißblatt ist eine Kletterpflanze. Sie wächst in Hecken und
an Bäumen schraubenförmig mit viel
Kraft empor und kann andere Pflanzen regelrecht einspinnen. Die creme-
weiß bis gelblichen Blüten sind zwittrig, duften abends von März bis
August intensiv und locken Nachtfalter und langrüsselige Hummeln
an, von denen sie bestäubt werden.
Aus den befruchteten Blüten wachsen bald rote kugelige Beeren, die für
Menschen giftig sind, aber von Tieren
gefressen und so verbreitet werden.
Vegetativ vermehrt sich die Pflanze
mit ihren unterirdischen Ausläufern.

Gewöhnliche Robinie

Robinia pseudoacacia

Die Gewöhnliche Robinie wird auch *weiße Robinie* oder *Silberregen* genannt. Ihre Blüten ordnen sich an hängenden, bis 25 cm langen Trauben an. Ihre Form entspricht der Schmetterlingsblütler und sie werden von Insekten besucht. Aus den befruchteten Blüten reifen bis zu 10 cm lange grüne Hülsen, in denen bis zu 10 Samen sitzen. Die Robinie liebt sonnige Standorte und wird in Gärten und Parks gepflanzt. Obwohl sie der Akazie ähnelt, ist sie nicht mit ihr verwandt. Ihren Namen erhielt sie zu Ehren des Hofgärtners des französischen Königs Ludwig XIII., Jean Robin.

Beschreibung

Merkmale ■ Familie der Hülsenfrüchtler *(Fabaceae)*, Baum bis zu 25 m hoch, graubraune, gerippte Borke, Blätter gefiedert, laubabwerfend, sommergrün
Vorkommen ■ Gärten, Parks, Wälder
Besonderheit ■ Blätter, Früchte und Rinde sind giftig.

Wolliger Schneeball

Viburnum lantana

Beschreibung

Merkmale ■ Familie der Moschuskrautgewächse *(Adoxaceae)*, Busch bis zu 3 m hoch, Blätter gegenständig, elliptisch bis eiförmig, weißgrauwollig behaart, laubabwerfend, sommergrün
Vorkommen ■ Waldränder, Auen, Gebüsche, sonnige Lagen, auch als Zierpflanze
Besonderheit ■ Die Früchte sind schwach giftig, ebenso die Rinde.

Der Wollige Schneeball bildet ab Mai dichte Schirmrispen aus weißen duftenden Blütchen aus, die von Insekten aufgesucht werden. Darin unterscheidet er sich vom Gemeinen Schneeball, dessen Schirmrispen zusätzlich große, sterile Randblüten zum Anlocken von Insekten entfalten. Aus den Blüten reifen ab August zunächst rote Früchte, die reif schwarz werden und schwach giftig sind. Die Beeren des Gemeinen Schneeballs bleiben dagegen auch in der Reife leuchtend rot. Die Äste des Schneeballs sind sehr biegsam, aus ihnen wurden früher Flechtwaren sowie Pfeile und Bögen hergestellt.

Roter Hartriegel

Cornus sanguinea

Der Rote Hartriegel erhielt seinen Namen nach den roten Blättern im Herbst und dem blutroten Farbton seiner Äste im Winter. Im Frühjahr blühen weiße Zwitterblüten in Schirmrispen, die von Insekten bestäubt werden. Ab September bilden sich die schwarzblauen, beerenartigen Steinfrüchte, die von Vögeln gefressen werden und sich dadurch verbreiten. Der Hartriegel wird vor allem wegen seiner lebendigen Färbung als Ziergehölz gepflanzt, aber auch als Bienenweide. Er kann bis zu 40 Jahre alt werden.

Beschreibung

Merkmale ■ Familie der Hartriegelgewächse *(Cornaceae)*, Strauch bis zu 3 m hoch, rote Fruchtstiele, graubraune Rinde, Blätter elliptisch bis eiförmig, weißgrau-wollig behaart, laubabwerfend, sommergrün
Vorkommen ■ Waldränder, Ufer, Gebüsche, auch als Zierpflanze
Besonderheit ■ Die Früchte sind roh ungenießbar für Menschen, aber nicht giftig.

Eberesche
Sorbus aucuparia

Beschreibung

Merkmale ■ Familie der Rosengewächse *(Rosaceae)*, Strauch
oder Baum bis zu 3 m hoch, Blätter unpaarig gefiedert, 9 – 17
lanzettförmige Fiederblättchen,
laubabwerfend, sommergrün
Vorkommen ■ Wälder, Gebirge,
auch als Zierpflanze
Besonderheit ■ Die gekochten
Beeren sind für den Menschen
genießbar.

Die Eberesche wird auch *Vogelbeere*
oder *Vogelbeerbaum* genannt, weil
die Vögel im Winter die roten Früchte fressen. Eberesche heißt sie deshalb, weil die Früchte früher an die
Schweine (Eber) verfüttert wurden.
Die Pflanze wächst als Strauch oder
Baum mit rundlicher Krone. Die weiß-
blühenden Schirmrispen erscheinen
ab Mai, die korallenroten Scheinbee-
ren (Kernobstgewächse) dann ab August. Ihre Samen werden von Vögeln
verbreitet. Die Eberesche besiedelt
schnell Brachflächen, Waldränder
oder Gebirge bis 2000 m. Sie wird
ca. 80 Jahre alt.

Schlehe

Prunus spinosa

Die Schlehe, auch *Schleh-* oder *Schwarzdorn* genannt, wächst als Strauch oder kleiner Baum an sonnigen Standorten. An seinen stark verästelten Zweigen sitzen viele Dornen. Noch vor dem Laubaustrieb erscheinen im März die zwittrigen Blüten dicht aneinander an Kurztrieben und werden von Insekten bestäubt. Aus den Blüten reifen kugelförmige, blaubereifte, saure Steinfrüchte, die reich an Vitamin C sind. Nach dem ersten Frost werden sie milder und dann zur Verarbeitung gesammelt. Die Schlehe gilt als die Stammform der Pflaume.

Beschreibung

Merkmale ■ Familie der Rosengewächse *(Rosaceae)*, Strauch bis zu 3 m hoch, dunkle Rinde, Blätter wechselständig, büschelig spiralig, verkehrt eiförmig, laubabwerfend, sommergrün

Vorkommen ■ Weg- und Waldränder, Hänge und Gebüsche

Besonderheit ■ Im Volksglauben wurden Schlehen Schutzkräfte gegen Hexen zugesprochen, weshalb man sie oft um Gehöfte pflanzte.

Eingriffeliger Weißdorn

Crataegus monogyna

Beschreibung

Merkmale ■ Familie der Rosengewächse *(Rosaceae)*, Strauch oder Baum bis zu 3 m hoch, Rinde dunkelbraun, Dornen, Blätter tief gelappt, laubabwerfend, sommergrün

Vorkommen ■ Waldränder, Laub- und Mischwälder, auch als Zierpflanze

Besonderheit ■ Der Neuntöter, ein heimischer Vogel, nutzt die Dornen des Strauches, um seine Beute aufzuspießen.

Der Eingriffelige Weißdorn wird auch *Hagedorn* genannt und besitzt im Gegensatz zu seinem Verwandten, dem Zweigriffeligen Weißdorn, nur einen Griffel pro Blüte. Der dornige Strauch bildet ab Mai große Dolden aus weißen, zwittrigen Blüten, die von Insekten bestäubt werden. Aus ihnen reifen ab September beerenartige, rote Früchte mit einem Steinkern, die von Säugetieren und Vögeln gefressen und verbreitet werden. Blüten, Blätter und Früchte werden als Heilmittel eingesetzt, u.a. zur Stärkung der Herzkranzgefäße.

Hundsrose

Rosa canina

Die Hundsrose, auch *Heckenrose* genannt, ist die häufigste wildwachsende Rosenart in Europa. Ihr Name weist darauf hin, dass sie überall anzutreffen ist (*canina* = hundsgemein). Sie wächst als mit Stacheln besetzter, lockerer Strauch und entwickelt ab Mai blassrosafarbene bis weiße Blüten, die von Insekten bestäubt werden. Die Früchte der Hundsrose, die Hagebutten, reifen ab September. Sie sind länglich, hart und rot gefärbt und besitzen keine Kelchblätter. Die vitaminreichen Früchte sind roh für Menschen ungenießbar. Vögel und Säugetiere fressen die Früchte und verbreiten die Samennüsschen.

Beschreibung

Merkmale ■ Familie der Rosengewächse *(Rosaceae)*, Strauch oder Baum bis zu 1,80 m hoch, Rinde dunkelbraun, Dornen, Blätter wechselständig, unpaarig gefiedert, 5–7 Fiederblättchen, laubabwerfend, sommergrün

Vorkommen ■ Wald- und Wegränder, Böschungen, auch als Zierpflanze

Besonderheit ■ Die Hagebutte eignet sich zur Verarbeitung in Marmeladen oder getrocknet als Tee.

Brombeere

Rubus sectio Rubus

Beschreibung

Merkmale ■ Familie der Rosengewächse *(Rosaceae)*, Strauch bis zu 3 m hoch, robust, stark bedornt, Blätter wechselständig, fingerförmig gefiedert, bewehrte Fiederblättchen, laubabwerfend im Frühjahr, wintergrün
Vorkommen ■ Waldränder, Böschungen, Wegränder, auch als Zier-/Nutzpflanze
Besonderheit ■ Die Blätter liefern heilende Tees gegen Entzündungen.

Brombeeren gibt es in vielen verschiedenen Arten. Sie wachsen als Strauch und bringen stark bedornte, kletternde Äste hervor, die an Pflanzen und Spalieren emporkriechen können. Dabei helfen ihnen die Dornen, sich festzuhaken und nicht abzurutschen. Im Mai erscheinen die rosafarbenen, radiärsymmetrischen und zwittrigen Blütenstände und werden von Insekten bestäubt. Ab August reifen die schwarzen glänzenden Brombeeren, Sammelfrüchte aus kleinen, einsamigen Steinfrüchten. Sie sind essbar und werden zu vielen Speisen verarbeitet. Brombeeren breiten sich über Ausläufer rasch und dicht aus.

Himbeere
Rubus idaeus

Aus der ursprünglichen Waldhimbeere wurden die Sorten kultiviert, die heute in den Gärten zu finden sind. Die weißen, leicht nickenden (also nach unten geneigten) Blüten der Himbeere erscheinen ab Mai an den vorjährigen Trieben und werden von Insekten bestäubt. Die meist rötlichen Sammelsteinfrüchte reifen ab Juni, werden von Tieren verzehrt und verbreitet. Vegetativ vermehrt sich die Himbeere über Wurzelsprosse. Aus ihren vitaminreichen Früchten lassen sich allerhand aromatische Speisen herstellen, aus den Blättern gesundheitsfördernde Tees.

Beschreibung

Merkmale ■ Familie der Rosengewächse *(Rosaceae)*, Strauch bis zu 2 m hoch, Ruten mit Stacheln besetzt, Blätter wechselständig, gestielt mit Fiederblättern, laubabwerfend, sommergrün
Vorkommen ■ Waldränder, Böschungen, Wegränder, auch als Zier-/Nutzpflanze
Besonderheit ■ Bereits 1601 wurde die Unterscheidung zwischen roten und gelben Himbeeren dokumentiert.

Echter Seidelbast

Daphne mezereum

Beschreibung

Merkmale ■ Familie der Seidelbastgewächse *(Thymelaeaceae)*, Strauch bis zu 1,50 m hoch, schwach verzweigt, Blätter sitzen am Zweigende, sind wechselständig, länglich, lanzettförmig, laubabwerfend, sommergrün
Vorkommen ■ Buchenwälder, Laubmischwälder mit kalkhaltigem Boden
Besonderheit ■ Da Seidelbast im Volksglauben die Milchproduktion steigert, wurden die Kühe früher mit Seidelbastzweigen auf die Weide getrieben.

Der Echte Seidelbast oder *Gewöhnliche Seidelbast* wird aufgrund seiner frühen, duftenden Blüte gern als Zierpflanze genutzt. Schon ab Februar öffnen sich zwittrige rosa bis purpurrote Blüten, die von langrüsseligen Insekten bestäubt werden. Ab August reifen glänzende, runde, rote, ca. erbsengroße Steinfrüchte, die von Vögeln verzehrt und verbreitet werden. Alle Pflanzenteile des Seidelbasts sind giftig, besonders die Samen und die Rinde. Bei Erwachsenen führt der Verzehr von 10 – 12 Beeren zum Tod.

Heidelbeere
Vaccinium myrtillus

Die Heidelbeere wird auch *Blaubeere*, *Schwarzbeere* oder *Moosbeere* genannt. Sie wächst in Mooren, Heiden oder auf Waldböden und trägt bereifte dunkelblaue wohlschmeckende Früchte. Die nickenden Blüten erscheinen ab Mai und werden von Insekten bestäubt. Ab Juli reifen die vitaminreichen Beeren, welche von Vögeln und Säugetieren, wie Auerhuhn und Fuchs, gefressen und verbreitet werden. Diese Beeren sind auch im Fruchtfleisch blau gefärbt – im Gegensatz zu den Kultursorten, bei denen nur die Schale blau ist.

Beschreibung

Merkmale ■ Familie der Heidekrautgewächse *(Ericaceae)*, Strauch bis zu 50 cm hoch, kriechende Sprossachse, Blätter wechselständig, kurz, eiförmig, laubabwerfend, sommergrün

Vorkommen ■ Wälder, Moore, Heide

Besonderheit ■ Die Blaubeeren, die im Handel angeboten werden, stammen von den größeren amerikanischen Heidelbeeren ab.

Heidekraut

Calluna vulgaris

Beschreibung

Merkmale ■ Familie der Heidekrautgewächse *(Ericaceae)*, Strauch bis zu 50 cm hoch, reich verzweigt, aufsteigende Äste, Blätter gegenständig, 4-zeilig, an den Ästchen anliegend, immergrün
Vorkommen ■ Lichte Wälder, Heidelandschaften, Moore, saure Böden
Besonderheit ■ Wird das Heidekraut nicht von Insekten besucht, wachsen die Staubfäden länger und entlassen die Pollen in den Wind.

Das Heidekraut wird auch *Besenheide* genannt und ist mit den rosa- bis purpurfarbenen Blüten die typische Pflanze der Heidelandschaft. Dieser immergrüne Zwergstrauch mit seinen schuppenförmigen Blättchen kann bis zu 40 Jahre alt werden. Vom Frühjahr bis zum Herbst blüht er in traubenförmigen Blütenständen. Die zwittrigen, nickenden, glockenförmigen Blüten werden von Insekten bestäubt und reifen zu vielsamigen Kapselfrüchten, die ausgeschüttet und vom Wind verweht werden. Zahlreiche Schmetterlingsarten und deren Raupen ernähren sich von der Besenheide.

Weißbeerige Mistel

Viscum album

Die Weißbeerige Mistel lebt parasitär auf Bäumen. Dazu keimen bei Licht ihre Samen auf dem Wirt, lösen mit einem Enzym die Rinde auf, lassen Senkwurzeln in das Holz wachsen und ziehen daraus Wasser und gelöste Mineralsalze. Von Mitte Januar an blüht die Mistel in knäueligen, unscheinbaren und eingeschlechtlichen Blüten. Nach neun Monaten, ca. zur Adventszeit, erscheinen die einsamigen, kugeligen, weißen Früchte, die erbsengroß sind und schon die Anlage für grüne Embryonen in sich tragen. Vögel fressen die Früchte mit dem zähschleimigen Fruchtfleisch und verbreiten dadurch die Pflanze.

Beschreibung

Merkmale ■ Familie der Sandelholzgewächse *(Santalaceae)*, kugelförmiger Strauch bis zu 1 m groß, gabelig verzweigt, Blätter ledrig und spatelförmig, immergrün

Vorkommen ■ Auf Laub- und Nadelbäumen

Besonderheit ■ Die Früchte sind zwar nicht giftig, zähklebrig. Sie können im Rachen kleben bleiben und dadurch gefährlich werden.

Ackersenf

Sinapis arvensis

Beschreibung

Merkmale ■ Familie der Kreuzblütler *(Brassicaceae)*, bis zu
60 cm hoch, Stängel und Blätter
borstig behaart, Blätter stark ge-
gliedert, unten größer
Vorkommen ■ Brachen, Wegränder, Äcker, auch als Zierpflanze
Besonderheit ■ Die Samen können dem nah verwandten *Weißen Senf* beigemischt und als
Gewürz verwendet werden.

Ackersenf, der auch *Falscher Hede-
rich* oder *wilder Senf* genannt wird,
wächst auf Brachen, an Wegen sowie auf Schuttplätzen und gilt seit
Jahrhunderten als Unkrautpflanze.
Die vierzähligen Blüten erscheinen
ab Juni. Sie dienen als Bienenweide
und Futterquelle für Käfer, Fliegen
und Schmetterlinge. Die Samen, die
in langen Schoten sitzen, können als
Gewürz, auch gemischt mit anderen
Senfarten, genutzt werden. Das Senf-
öl vieler Senfarten dient seit Jahrhunderten als hautreizendes Mittel in
der Heilkunde, um die Durchblutung
zu fördern.

Arnika

Arnica montana

Die Echte Arnika wird auch *Bergwohlverleih* genannt und ist an den leuchtend gelben Blütenköpfen mit den langen Randblüten zu erkennen. Im Inneren stehen bei diesem Korbblütengewächs bis zu 50 zwittrige Röhrenblütchen, deren Pollen und Nektar zahlreiche Insekten anziehen. Der Blütenboden ist behaart. Die ätherischen Öle der Pflanze dienen seit Jahrhunderten als wundheilendes und entzündungshemmendes Mittel, das innerlich und äußerlich angewandt hilft. Die Fruchtstände stehen dicht beieinander und entlassen die Samen als kleine Schirmchenflieger in den Wind.

Beschreibung

Merkmale ■ Familie der Korbblütler *(Asteraceae)*, krautige Pflanze bis zu 60 cm hoch, einfache Stängel, Blätter drüsenhaarig mit bis zu drei gegenständigen Paaren

Vorkommen ■ Kalkarme Bergwiesen, lichte Nadelwälder, bis 2500 m Höhe

Besonderheit ■ Arnika steht in Deutschland auf der Roten Liste gefährdeter Arten.

Krautige Blütenpflanzen

Blütenfarbe Gelb

Kriechender Hahnenfuß

Ranunculus repens

Beschreibung

Merkmale ■ Familie der Hahnenfußgewächse *(Ranuculaceae)*, krautige Pflanze bis zu 50 cm hoch, Blätter dreizählig gefiedert, gespaltene oder gelappte Blättchen, oft wintergrün
Vorkommen ■ Äcker, Brachen, Wiesen, auch als Zierpflanze
Besonderheit ■ Der Kriechende Hahnenfuß ist sogar in der Antarktis zu finden.

Der Kriechende Hahnenfuß erhielt seinen Namen durch die Fähigkeit, kriechende Ausläufer zu entlassen, die sich bewurzeln können. Ab Mai blühen die gelben fünfblättrigen Blüten, die Insekten anlocken und von ihnen bestäubt werden. Aus ihnen reifen Nüsschen, die von Tieren und Wind verbreitet werden. Die Pflanze bevorzugt feuchte, auch feste Standorte und verträgt Überflutungen. In Gärten und auf Äckern wird der Hahnenfuß als lästiges Unkraut bekämpft, vor allem, weil er sich über seine Ausläufer rasch verbreiten kann.

Gelber Frauenschuh
Cypripedium calceolus

Der Gelbe oder auch *Rotbraune Frauenschuh* ist eine wildwachsende Orchideenart und steht unter Naturschutz. An den Stängeln sitzt eine gelbe, schuhförmige Blüte, die von vier rotbraunen, geschraubten, lanzettförmigen Blütenblättern umgeben ist. Die Innenwände der Blüte sind glatt und ölig, damit ein Insekt, das aufgrund des betörenden Dufts eingedrungen ist, die Pflanze bestäubt, ehe es wieder die Freiheit erlangt. Dabei täuscht die Pflanze jedoch das Tier mit dem Geruch, denn es gibt keinerlei Nahrung am Blütengrund. Als Früchte bilden sich Trockenkapseln mit Samen, die vom Wind verbreitet werden.

Beschreibung

Merkmale ■ Familie der Orchideen *(Orchidaceae)*, ausdauernde, krautige Pflanze bis zu 60 cm hoch, gebogene, behaarte Stängel mit 3–5 breitelliptischen Blättern

Vorkommen ■ Schattige Wälder mit Kalkboden

Besonderheit ■ Aufgrund der helmähnlichen Form seiner Blüte wird die Pflanze auch „Kriemhilds Helm" genannt.

Gewöhnliche Goldnessel   *Lamium galeobdolon*

Beschreibung

Merkmale ■ Gehört zur Familie der Lippenblütler *(Lamiaceae)*, ausdauernde krautige Pflanze bis zu 60 cm hoch, gebogene, behaarte Stängel mit eiförmigen Blättern, am Rand klebrig gesägt
Vorkommen ■ Wälder, Gebüsche, auch als Zierpflanze
Besonderheit ■ Die Goldnessel ist sehr formenreich und erscheint in vielen Unterarten.

Die Gewöhnliche Goldnessel oder auch *Gold-Taubnessel* wird so genannt, weil ihre Blüten goldgelb leuchten. Sie bildet durch Ausläufer schnell große Bestände, die den Boden überziehen. Ab April erscheinen in den Blattachsen die zwittrigen und spiegelsymmetrischen Lippenblüten mit gefleckter Unterlippe und gelber behaarter Krone. Die Pflanze bevorzugt nährstoffreiche Böden und fühlt sich an Waldrändern oder in Staudengebüschen wohl. Als Zierpflanze hielt sie in verschiedenen Sorten Einzug in Gärten.

Kanadische Goldrute

Solidago canadensis

Die Goldrute trägt ihre kleinen Korbblütenköpfe an Rispenzweigen, die sich wie ein Bogen krümmen und der Pflanze das typische Aussehen verleihen. Ab August bis in den Oktober hinein steht die ausdauernde Pflanze in dieser goldenen Blüte, die viele Insekten anzieht. Ursprünglich kommt die Goldrute aus Nordamerika, doch seit dem 17. Jahrhundert ist sie in Europa anzutreffen und nun auch an Gewässerrändern, in Auwäldern, Gärten und auf Kahlschlägen zu finden. Über unterirdische Ausläufer kann sie sich schnell verbreiten.

Beschreibung

Merkmale ■ Familie der Korbblütler *(Asteraceae)*, ausdauernde krautige Pflanze, 50 bis 200 cm hoch, Stängel und lanzettlich zugespitzte Blätter behaart
Vorkommen ■ Auwälder, Ufer, Gebüsche, auch als Zierpflanze
Besonderheit ■ Goldruten können mehr als 10 000 Samen pro Stängel ausbilden.

Huflattich

Tussilago farfara

Beschreibung

Merkmale ■ Familie der Korbblütler *(Asteraceae)*, ausdauernde krautige Pflanze bis 30 cm
hoch, Blätter grundständig,
herz- bis hufeisenförmig, Unterseite weißfilzig

Vorkommen ■ Weg- und Straßenränder, Geröllhalden, Felder,
Bahndämme

Besonderheit ■ Huflattich ist seit
dem Altertum in der Heilkunde
bekannt.

Der Huflattich, ein Korbblütengewächs, verdankt seinen Namen der
hufähnlichen Form seiner Blätter. Da
die Pflanze auch als Heilmittel gegen
Husten und Bronchialleiden eingesetzt wird, wird sie auch Brustlattich
genannt. Im zeitigen Frühjahr treiben
die Blütenstiele aus, die je ein gelbes
Blütenköpfchen tragen, das von grünen Hüllblättern eingefasst ist. Die
Blätter der Pflanze erscheinen erst
nach der Blüte. Im Fruchtstand tragen die Samen weiße Schirmchen,
die der Wind verbreitet. Huflattich
bildet bis zu 2 m lange, unterirdische
Ausläufer.

Echtes Johanniskraut

Hypericum perforatum

Das Echte Johanniskraut wird auch *Tüpfel-Johanniskraut* oder *Tüpfel-Hartheu* genannt. Die radiärsymmetrischen, fünfzähligen Blüten erscheinen ab Juni in einem trugdoldigen Blütenstand. Die bis zu 100 Staubblätter sind in drei Büscheln um den Fruchtknoten angeordnet. Nach der Befruchtung reifen Samen in eiförmigen, kurzen Kapseln, die von Tieren verbreitet werden. Die Laubblätter des Johanniskrautes erscheinen aufgrund ihrer durchsichtigen Öldrüsen wie durchlöchert. Das Echte Johanniskraut wird als Heilpflanze bei Verdauungsstörungen, Unruhe und leichten depressiven Verstimmungen eingesetzt.

Beschreibung

Merkmale ■ Familie der Johanniskrautgewächse *(Hypericaceae)*, ausdauernde krautige Pflanze, 15 bis 100 cm hoch, aufrechter, zweikantiger Stängel, Blätter oval bis eiförmig, erscheinen wie durchlöchert
Vorkommen ■ Wegränder, Magerrasen, Wiesen
Besonderheit ■ Alle Pflanzenteile des Johanniskrautes sind leicht giftig.

67

Großblütige Königskerze
Verbascum densiflorum

Beschreibung

Merkmale ■ Familie der Braunwurzgewächse *(Scrophulariaceae)*, zweijährige krautige Pflanze, 50 bis 120 cm hoch, aufrechter Stiel, Blätter beidseitig filzig behaart, länglich oval

Vorkommen ■ Wegränder, Magerrasen, Wiesen

Besonderheit ■ Schon in der Antike wurde die Wurzel zur Heilung bei Durchfällen, Krämpfen und zur Wundheilung eingesetzt.

Die Königskerze findet sich oft in der Natur, ist aber aufgrund ihres imposanten Erscheinungsbildes auch in Gärten und Parks beliebt. Sie hat einen schlanken Wuchs und auffällige, ährenartige Blütenstände aus fünfzähligen, leuchtend gelben Blüten. Aus diesen reifen braune Kapselfrüchte mit jeweils 300 kleinen Samen. Gegen das Austrocknen sind die Blätter mit filzigen Härchen überzogen, denn die Pflanze liebt sonnige Standorte. In der Heilkunde wird sie in Form von Tee aufgrund ihrer reizmildernden Inhaltsstoffe bei Husten und anderen Bronchialerkrankungen eingesetzt.

Echtes Leinkraut

Linaria vulgaris

Das Echte oder *Gemeine Leinkraut*, auch *Kleines Löwenmaul* genannt, ist ein Lippenblütler mit der typischen Blütenform. Weil ihre Blätter dem Flachs (Lein) ähnlich sehen, heißt es Leinkraut. Die gelben Blüten, die an das Große Löwenmaul erinnern, erscheinen ab Mai, stehen im traubigen Blütenstand und werden von Hummeln, langrüsseligen Faltern und Wildbienen bestäubt. Aus den Blüten reifen eiförmige Kapselfrüchte mit geflügelten Samen. Vegetativ vermehrt sich das Leinkraut über Ausläufer und Wurzelsprosse und kann in Gärten zu einem lästigen Unkraut werden.

Beschreibung

Merkmale ■ Familie der Wegerichgewächse *(Plantaginaceae)*, ausdauernde krautige Pflanze bis zu 40 cm hoch, Stängel schwach behaart, Blätter lanzettlich schmal

Vorkommen ■ Böschungen, Wegränder, an Mauern

Besonderheit ■ Früher wurde Leinkrautsalbe gegen schmerzende Hämorrhoiden verwendet.

Gewöhnlicher Löwenzahn
Taraxacum officinale

Beschreibung

Merkmale ■ Familie der Korb-blütler *(Asteraceae)*, ausdau-ernde krautige Pflanze bis zu 30 cm hoch, fleischige Pfahlwur-zel, Stängel befilzt, röhrig mit weißem Milchsaft, bodenstän-dige Blattrosette mit gelappten schmalen Blättern

Vorkommen ■ Fettwiesen, Felder, Weiden, Dünen

Besonderheit ■ Löwenzahn hat harntreibende Wirkung. Die ge-trocknete Wurzel diente nach dem Krieg auch als Kaffeeersatz.

Der Löwenzahn mit seiner gelben Blüte im Frühjahr und dem Samen-stand mit seinen haarigen Flugschir-men, der auch als „Pusteblume" bekannt ist, findet sich auf vielen Wiesen, Wegrändern und Äckern. Die tellerförmigen Blütenkörbchen be-stehen aus Zungenblüten und schlie-ßen sich jeweils zur Nacht, bei Re-gen oder wenn sie verblüht sind. Die Blüten dienen von April bis Mai als Bienenweide. Die zartgrünen Blätt-chen finden als Salat Verwendung, aus den Blüten kann Sirup herge-stellt werden.

Scharfer Mauerpfeffer

Sedum acre

Der Mauerpfeffer ist ein niedrig wachsendes Dickblattgewächs, dessen Blätter Wasser speichern können. Seinen Namen bekam er, weil die Blätter scharf schmecken (Achtung: giftig!). Er wächst auf Mauern oder sonnigen, sandigen Plätzen. Die fünfzählige kleine Blüte mit den waagerecht stehenden Kronblättern wird von Juni bis August von Fliegen, Wespen und Bienen bestäubt. Aus den Blüten reifen Balgfrüchte, die ihre Samen bei Regen ausschleudern und verbreiten. Er vermehrt sich auch vegetativ. Der Scharfe Mauerpfeffer eignet sich zum Begrünen von Dächern oder Steingärten.

Beschreibung

Merkmale ■ Familie der Dickblattgewächse *(Crassulaceae)*, ausdauernde krautige Pflanze bis zu 15 cm hoch, Stängel kriechend und aufsteigend, Blätter eiförmig und dickfleischig, 4 mm lang in Längszeilen

Vorkommen ■ Trockene, sonnige Standorte, Mauern, Schutthalden

Besonderheit ■ Die Pflanze enthält einen beißenden Saft, der vor Tierfraß schützen soll.

Echte Nelkenwurz

Geum urbanum

Beschreibung

Merkmale ■ Familie der Rosengewächse *(Rosaceae)*, ausdauernde krautige Pflanze bis zu 100 cm
hoch, rübenförmiges Rhizom,
grundständige Blattrosette und
dreizählige geteilte Laubblätter,
große Nebenblätter
Vorkommen ■ Lichte Laubwälder,
Gebüsche, Waldränder
Besonderheit ■ Früher wurde
das Rhizom Getränken wie Wein
und Bier zugegeben, um sie zu
aromatisieren.

Die Echte Nelkenwurz erhielt ihren
Namen nach dem Nelkengeruch ihres Rhizoms, das Nelkenöl enthält.
Sie gehört zu den Rosengewächsen
und besitzt radiärsymmetrische, gelbe, fünfzählige Blüten, die ab Mai erscheinen, bis Oktober blühen und
zwittrig, männlich oder weiblich sein
können. Aus den Fruchtblättern der
Blüte reifen kleine, behaarte Nüsschen, die im Fell von größeren Tieren hängen bleiben und so verbreitet
werden. Früher wurde die Echte Nelkenwurz als Heilpflanze gegen Durchfall, Verdauungsbeschwerden, Leber-
und Gallenerkrankungen eingesetzt.

Klebriger Salbei

Salvia glutinosa

Beim Klebrigen Salbei sitzen an Stängel, Laubblättern und Teilen der Blüte klebrige Haare, auf die auch der Name der Pflanze zurückgeht. Die Blüte ist eine spiegelsymmetrische Lippenblüte, die von Juli bis September in quirligen Teilblütenständen erscheint. Aus der einzelnen Blüte reift ab September eine Frucht, die zur Reife in vier Teilfrüchte zerfällt. Die abgefallenen Teile keimen vor Ort oder bleiben im Fell von größeren Tieren haften und werden so verbreitet. Der Klebrige Salbei wird nicht als Heil-, sondern als Zierpflanze genutzt.

Beschreibung

Merkmale ■ Familie der Lippenblütler *(Lamiaceae)*, ausdauernde krautige Pflanze bis zu 80 cm hoch, vierkantiger Stängel, Blätter oval spitz, sommergrün
Vorkommen ■ Laubwälder, Mischwälder, bis 1500 m Höhe
Besonderheit ■ Die klebrigen Haare sollen die Pflanze vor Fressfeinden schützen.

Scharbockskraut

Ranunculus ficaria

Beschreibung

Merkmale ■ Familie der Hahnenfußgewächse *(Ranunculaceae)*, ausdauernde krautige Pflanze, bis 20 cm hoch, Stängel liegend oder aufrecht, ungeteilte Blätter herz- bis nierenförmig, frühjahrsgrün
Vorkommen ■ Laubwälder, feuchte Wiesen, Gebüsche, Hecken, bis 1800 m Höhe
Besonderheit ■ Das Scharbockskraut wird auch Feigwurz genannt.

Seinen Namen erhielt das Scharbockskraut nach der Krankheit Skorbut, denn die Vitamin-C-haltigen Blätter wurden früher gegen diese Krankheit eingesetzt. Sowohl der Wurzelstock als auch die Brutknospen des Scharbockskrauts, die in den Blattachsen wachsen und über die sich die Pflanze vegetativ vermehrt, sind giftig, junge Blätter vor der Blüte dagegen unbedenklich. Ab März öffnen sich die goldgelben, radiärsymmetrischen Blüten, die im zeitigen Frühjahr zwar Insekten anlocken, jedoch nur schwach bestäubt werden und wenige Fruchtnüsschen entwickeln.

Großes Springkraut · *Impatiens noli-tangere*

Das Große oder Echte Springkraut, das auch *Rühr-mich-nicht-an* oder *Altweiberzorn* heißt, trägt seinen Namen zu Recht, denn aus den spiegelsymmetrischen, zwittrigen Blüten mit Sporn wachsen Fruchtkapseln, die bei Berührung aufgrund des angesammelten Zellsaftdrucks ihre Samen bis 2 m weit schleudern können. Dabei trennen sich die Fruchtblätter an einer Naht und rollen sich auf. Das Große Springkraut liebt es feucht und schattig und ist vor allem in Laubwäldern und an dunklen Waldrändern anzutreffen.

Beschreibung

Merkmale ■ Familie der Balsaminengewächse *(Balsaminaceae)*, einjährige krautige Pflanze bis zu 70 cm hoch, Flachwurzler, Schattenpflanze, Blätter wechselständig, unten größer als oben, bewachst

Vorkommen ■ Feuchte Laubwälder, Waldränder, Bachränder, bis 1300 m Höhe

Besonderheit ■ Aufgrund der langen Blüten kann diese Pflanze nur durch die Deich- und die Gartenhummel bestäubt werden, die mit ihrem langen Saugrüssel bis zum Blütenende vordringen können.

Echter Steinklee

Melilotus officinalis

Beschreibung

Merkmale ■ Familie der Hülsenfrüchtler *(Fabaceae)*, zwei- bis
mehrjährige krautige Pflanze,
20 bis 80 cm hoch, aufrechte, verzweigte Stängel, Blätter
wechselständig und mit drei ge-
stielten Fiederblättchen
Vorkommen ■ Weg- und Ackerränder, Weinberge, Schuttplätze
Besonderheit ■ Während des
Trocknungsprozesses entsteht
Cumarin.

Der Echte, *Gewöhnliche* oder auch
Gelbe Steinklee gehört zu den Hül-
senfrüchten: Er bildet eine spiegelsymmetrische Schmetterlingsblüte
aus sowie eine kahle Hülsenfrucht,
die sich bei Reife öffnet und die Samen entlässt. Von Mai bis September
erscheinen die traubigen, nach Nektar duftenden Blütenstände und locken Bienen und Schwebfliegen an.
Das Kraut des Echten Steinklees wurde früher als Heilmittel gesammelt,
getrocknet und als entzündungshemmendes Mittel genutzt.

Acker-Stiefmütterchen

Viola arvensis

Das Acker-Stiefmütterchen gehört wie seine Verwandte, das Gewöhnliche Stiefmütterchen, zu den Veilchengewächsen: Es besitzt eine gelb-weiße, spiegelsymmetrische Blüte, die von April bis Oktober von Insekten bestäubt wird. Aus der befruchteten Blüte wachsen kleine Samen, die von Ameisen verbreitet werden. Das Stiefmütterchen gilt als Kulturfolger des Menschen und wurde in der Volksmedizin gegen Husten und Halsentzündungen eingesetzt. Seinen Namen erhielt es angeblich durch seine Blütenaufteilung, die Stieftöchter, Töchter und Mutter darstellen soll.

Beschreibung

Merkmale ■ Familie der Veilchengewächse *(Violaceae)*, einjährige krautige Pflanze, 20 bis 80 cm hoch, schwach behaart, Blätter mit 5 Kerben, spatelförmig

Vorkommen ■ Weg- und Ackerränder, Schuttplätze

Besonderheit ■ Es gibt sehr viele Arten und Unterarten des Stiefmütterchens.

Sumpfdotterblume

Caltha palustris

Beschreibung

Merkmale ■ Familie der Hahnenfußgewächse *(Ranunculaceae)*,
ausdauernde krautige Pflanze,
bis zu 40 cm hoch, kräftiger Wurzelstock, aufrechte, verzweigte Stängel, Blätter unten gestielt, herz- bis nierenförmig,
sommergrün
Vorkommen ■ Sumpfwiesen, Gräben, Gewässerränder
Besonderheit ■ Bei Regen füllen
sich die Blüten mit Wasser und
bestäuben sich selbst.

Die Sumpfdotterblume liebt feuchte Standorte und wächst an Bächen und auf Sumpfwiesen. Ab Ende
März öffnen sich die radiärsymmetrischen Blüten, die reichlich Pollen
und Nektar besitzen und von Insekten bestäubt werden. Aus ihnen reifen sternförmig angeordnete Balgfrüchte, deren Samen aufgrund der
lufthaltigen Hohlräume im Gewebe
schwimmfähig sind und von Gewässern verbreitet werden können. Werden Wiesen trocken gelegt oder Bä-
che begradigt, gehen die Bestände
der Sumpfdotterblume zurück.

Sumpfschwertlilie

Iris pseudacorus

Die Sumpfschwertlilie oder *Gelbe Schwertlilie* ist vor allem in Sumpflandschaften zu Hause. Schwertlilien sind durch ihre schwertförmigen langen Blätter sowie die große, dreizählige Einzelblüte mit drei geaderten Hängeblättern und drei inneren, aufrecht stehenden, kleinen Blättern gekennzeichnet. Aus ihnen reifen zylindrische Kapselfrüchte, die sich schwimmend verbreiten. Bereits seit Mitte des 16. Jahrhunderts wird die Sumpfschwertlilie als Zierpflanze, vor allem in Uferbereichen, eingesetzt. Auch in der Heilmedizin findet die Wurzel Verwendung.

Beschreibung

Merkmale ■ Familie der Schwertliliengewächse *(Iridaceae)*, ausdauernde krautige Pflanze, bis zu 1,50 m hoch, waagerechtes Rhizom, schwertförmige, lineale Blätter bis zu 90 cm lang, sommergrün

Vorkommen ■ Ufer, Verlandungszonen, Gräben, Sümpfe

Besonderheit ■ Die Pflanze ist giftig, vor allem im Rhizom.

Trollblume

Trollius europaeus

Beschreibung

Merkmale ■ Familie der Hahnenfußgewächse *(Ranunculaceae)*, ausdauernde krautige Pflanze, bis zu 60 cm hoch, kahle, unverzweigte Stängel mit handförmig geteilten Blättern, sommergrün
Vorkommen ■ Feuchtwiesen, Teich- und Bachränder, bis 3000 m Höhe
Besonderheit ■ Die Trollblume steht unter Naturschutz.

Die Trollblume ist auch als *Butterblume*, *Kugelranunkel* oder *Goldköpfchen* bekannt. Ihren Namen erhielt sie nach dem althochdeutschen Wort „troll", was „rund" bedeutet. Auf einem unverzweigten Stängel sitzt die zwittrige, radiärsymmetrische Blüte mit den goldgelben Hüllblättern, die sich kugelig zusammen neigen, sodass sich Insekten nach innen durcharbeiten müssen, um die Pflanze zu bestäuben. Aus den Blüten reifen Balgfrüchte, die an Tieren haften bleiben oder vom Wind verbreitet werden. Da die Pflanze giftig ist, wird sie vom Weidevieh gemieden.

Echte Schlüsselblume

Primula veris

Die Echte Schlüsselblume oder auch *Wiesen-Schlüsselblume* erhielt ihren Namen, weil ihr Blütenstand wie ein Schlüssel mit Bart und Schlüsselrohr erscheint. Ende März öffnen sich an nickenden und behaarten Blütenstilen die goldgelben, radiärsymmetrischen Blüten im doldigen Blütenstand, deren fünf gelbe Kronblätter zu einer Röhre verwachsen sind. Bienen, Hummeln und Tagfalter saugen daraus den Nektar und bestäuben die Pflanze. Nach der Befruchtung reifen in Kapselfrüchten kleine Samen, die vom Wind weggetragen werden.

Beschreibung

Merkmale ■ Familie der Primelgewächse *(Primulaceae)*, ausdauernde krautige Pflanze, bis zu 30 cm hoch, Blätter eiförmiglänglich mit dumpfer Spitze, grundständige Rosette

Vorkommen ■ Wiesen, Gebüsche, Waldränder

Besonderheit ■ Wird oft mit der ähnlichen Hohen Schlüsselblume verwechselt, deren Blüten jedoch größer und heller sind.

Zypressen-Wolfsmilch · *Euphorbia cyparissias*

Beschreibung

Merkmale ■ Familie der Wolfs-
milchgewächse *(Euphorbiaceae)*,
mehrjährige krautige Pflanze bis
50 cm hoch, Blätter schmal linealisch, dünn, bläulichgrün
Vorkommen ■ Wiesen, Gebüsche,
Waldränder
Besonderheit ■ Weidevieh meidet die Wolfsmilch, kann sich
aber über das Heu damit
vergiften.

Die Zypressen-Wolfsmilch erhielt ihren Namen nach den nichtblühen-
den Trieben, die mit ihren schmalen,
dünnen Blättern kleinen Zypressen
ähneln. Die von Mai bis September
wachsenden radiärsymmetrischen
Blüten stehen als Scheindolden beieinander und sondern Nektar ab, der
Insekten anzieht. Aus ihnen reifen
Spaltfrüchte, die ihren Samen ausschleudern. Wie alle Wolfsmilchge-
wächse tritt bei Verletzung ein gif-
tiger Milchsaft aus, der helfen soll,
dass sich die Wunde schließt und
Fressfeinde fernbleiben. Alle Pflanzenteile sind giftig für Mensch und
Tier.

Bärlauch
Allium ursinum

Der Bärlauch wird aufgrund seines Geschmacks und knoblauchartigen Geruchs als Wildgemüse und Kraut verwendet. Daher leiten sich auch seine Namen *Knoblauchspinat* oder *Waldknoblauch* ab. Ab April öffnen sich radiärsymmetrische, dreizählige, weiße Blüten in einer Scheindolde. Die Kapselfrüchte entlassen Samen, die sich über den Wasserweg verbreiten oder an Tierfüßen haften bleiben. Damit sie keimen, müssen sie eine Frostperiode erlebt haben. Auch über die Zwiebel verbreitet sich der Bärlauch und bildet besonders in Buchenwäldern große Teppiche. Dennoch gilt er in vielen Regionen als stark gefährdet.

Beschreibung

Merkmale ■ Familie der Amaryllisgewächse *(Amaryllidaceae)*, ausdauernde krautige Pflanze, bis zu 50 cm Höhe, schlanke Zwiebel, aufrechter Stängel, elliptische Blätter mit langem Stil

Vorkommen ■ Schattige Auwälder, feuchte Mischwälder

Besonderheit ■ Bärlauch gehört zur gleichen Gattung wie Schnittlauch, Zwiebel und Knoblauch.

Buschwindröschen

Anemone nemorosa

Beschreibung

Merkmale ■ Familie der Hahnenfußgewächse *(Ranunculaceae)*, sommergrüne, ausdauernde krautige Pflanze bis zu 25 cm Höhe, kriechendes Rhizom, handförmig geteilte Blätter
Vorkommen ■ Schattige Auwälder, feuchte Mischwälder
Besonderheit ■ Alle Pflanzenteile des Buschwindröschens sind giftig.

Das Buschwindröschen, das mit seiner Blüte den Beginn des Frühlings im Walde markiert und dort mit die Krautschicht bildet, entwickelt bereits ab März seine einzelne, weiße, radiärsymmetrische Blüte mit sechs bis acht Blättern und mehreren behaarten Fruchtblättern, die von Insekten bestäubt werden. Nachts schließen sich die Blüten. Aus den befruchteten Blüten reifen Nüsschen in einer Sammelfrucht. Bereits im Frühsommer zieht die Pflanze ihr Laub wieder ein und speichert die Nährstoffe für den nächsten Austrieb im Rhizom.

Alpen-Edelweiß
Leontopodium nivale

Das Alpen-Edelweiß kann aufgrund seiner filzigen Behaarung sowohl trockene Zeiten wie auch Sonneneinstrahlung gut verkraften. Im Juli blüht das Edelweiß und formt mit den glänzenden schmalen Hochblättern einen mehrzackigen Stern. Im Körbcheninneren sitzen die Röhrenblüten, die von Fliegen, Faltern und Käfern bestäubt werden. Die Samen tragen kleine Schirmchen und werden vom Wind verbreitet oder haften an Tieren an. Da die Pflanze stark gefährdet ist und nicht gepflückt werden darf, wurden die Bestände im Allgäu zeitweise von der Bergwacht bewacht, haben sich inzwischen aber wieder erholt.

Beschreibung

Merkmale ■ Familie der Korbblütler *(Asteraceae)*, ausdauernde krautige Pflanze, bis zu 20 cm Höhe, wollig weiß befilzt, Blätter länglich-lanzettlich und dicht behaart in grundständiger Rosette
Vorkommen ■ Sonnige Hänge bis 3000 m Höhe
Besonderheit ■ Das Alpen-Edelweiß wird auch in Gärtnereien gezüchtet und in der Kosmetikindustrie genutzt, z. B. in Sonnencreme.

Frühlingskrokus

Crocus albiflorus

Beschreibung

Merkmale ■ Familie der Schwertliliengewächse *(Iridaceae)*, bildet jährlich neue Sprossknollen aus, bis zu 15 cm hoch, Blätter grundständig linealisch, weißer Mittelstreifen

Vorkommen ■ Frische, feuchte Wiesen und Weiden, bis 2700 m Höhe

Besonderheit ■ Zahlreiche Krokusarten werden als Gartenblumen kultiviert und angeboten.

Der Frühlingskrokus wird auch *Alpen-Safran* genannt, denn aus einer verwandten Art wird Safran gewonnen. Der Frühlingskrokus ist vor allem in Gebieten ab 600 m anzutreffen, wo er größere Bestände bildet. Neben dem weißen Krokus gibt es zahlreiche andersfarbige Arten. Schon im zeitigen Frühjahr können die Blätter die Schneedecke durchstoßen. Ab März erscheint die Blüte, bei der die weißen bis zart lilafarbenen Blütenblätter am Grund zu einem Trichter verwachsen sind. Insekten bestäuben die Pflanze. Der Krokus bildet jedes Jahr eine neue Pflanzenknolle aus.

Gänseblümchen

Bellis perennis

Das Gänseblümchen, das auch *Maß-liebchen* oder *Tausendschön* genannt wird, ist auf fast jedem Rasen zu finden. Die radiärsymmetrischen Blüten wachsen ab März auf einem blattlosen Stängel mit weißen bis rosafarbenen Zungenblüten am Rand. Das Körbchen füllen gelbe Röhrenblüten, die von Insekten bestäubt werden. Die Blüte richtet ihr Köpfchen dabei stets nach der Sonne und schließt es nachts. Aus den befruchteten Blüten reifen Samennüsschen, die von Wind, Regen und Tieren verbreitet werden. Die jungen Blätter und Blüten der Pflanze sind essbar.

Beschreibung

Merkmale ■ Familie der Korbblütler *(Asteraceae)*, ausdauernde krautige Pflanze bis zu 15 cm Höhe, Blätter mit Blattstiel, spatelförmig, in grundständiger Rosette

Vorkommen ■ Wiesen, Weiden, auch als Zierpflanze

Besonderheit ■ Gärtnereien züchten das Gänseblümchen in gefüllter Form als Tausendschön.

Gewöhnliches Hirtentäschel

Capsella bursa-pastoris

Beschreibung

Merkmale ■ Familie der Kreuzblütler *(Brassicaceae)*, ein- bis
zweijährige, krautige Pflanze,
bis zu 50 cm hoch, Wurzel bis zu
90 cm tief, Sprossachse aufrecht
mit Blüten, Blätter grundständig
rosettig, schmal bis fiederspaltig
oder stängelumfassend
Vorkommen ■ Wegränder, Äcker,
Brachen, auch als Zierpflanze
Besonderheit ■ Eine Pflanze
kann mehr als 60 000 Samen
produzieren.

Das Gewöhnliche Hirtentäschel oder
Hirtentäschelkraut erhielt seinen Namen durch die dreieckigen, verkehrt
herzförmigen Schötchen, die den Ta-
schen der Hirten ähnelten. Auch der
lateinische Name weist auf die Ähn-
lichkeit hin. Diese typischen Kapseln
reifen entlang des Stängels und be-
inhalten zahlreiche klebrige Samen,
die bei Reife herausgeschleudert und
von Wind und Tieren verbreitet werden. Die weißen, radiärsymmetrischen Blüten stehen in einer endständigen Traube und erscheinen das
ganze Jahr über, oft gleichzeitig mit
den Schötchen.

Echte Kamille

Matricaria chamomilla

Die Echte Kamille, ein Korbblütengewächs, ist seit Jahrhunderten
als Heilmittel gegen Magen- und
Darmerkrankungen bekannt. Dafür
werden ihre Blüten gesammelt und
getrocknet. Das Blütenköpfchen besteht aus gelben, fünfzähligen Röhrenblüten und weißen Zungenblüten.
Der anfangs flache Körbchenboden
wölbt sich mit zunehmender Blüte
und die Zungenblüten sind dann zu-
rückgeschlagen. Insekten bestäuben
die Pflanze und aus den Blüten reifen
einsamige Früchte, die an Mensch
und Tier haften bleiben und so verbreitet werden.

Beschreibung

Merkmale ■ Familie der Korbblütler *(Asteraceae)*, sommergrüne, einjährige krautige Pflanze, bis zu 50 cm Höhe, aufrecht
und stark verzweigter Stängel,
fiederteilige Blätter schmal
linealisch

Vorkommen ■ Äcker, Ödland,
Wegränder

Besonderheit ■ Aus den Blüten
gewonnenes Kamillenöl wird
auch zur Verbesserung des Haut-
bildes eingesetzt.

Maiglöckchen

Convallaria majalis

Beschreibung

Merkmale ■ Familie der Spargelgewächse *(Asparagaceae)*, ausdauernde, krautige Pflanze, bis zu 30 cm hoch, Wurzel bis zu 50 cm tief, Blätter breit-elliptisch, glänzende Oberseite, umhüllen den unteren Blütenstängel scheidenförmig
Vorkommen ■ Lichte Laubwälder, Gebüsche, auch als Zierpflanze
Besonderheit ■ Das Maiglöckchen diente früher als ein Symbol für die Heilkunde.

Das Maiglöckchen erhielt seinen Namen nach den glockenförmigen Blüten, die ab Mai erscheinen. Sie sind am Blütengrund verwachsen und sitzen an einem blattlosen Stängel, bilden dort einen nach einer Seite nickenden Blütenstand, der Bienen und Insekten anzieht. Aus den befruchteten Blüten reifen kugelige, leuchtend rote Beeren mit Samen, die von Tieren gefressen und verbreitet werden. Die gesamte Pflanze ist stark giftig. Werden Teile des Maiglöckchens verzehrt, treten Übelkeit, Durchfall, Herzrhythmusstörungen bis zum Herzstillstand ein.

Magerwiesen-Margerite

Leucanthemum vulgare

Die Magerwiesen-Margerite ist eine der über 40 Arten, die zur Gattung der Margeriten gehören. Margeriten tragen Blütenkörbchen aus gelben, zwittrigen Röhrenblüten mit großen, weißen, weiblichen Zungenblüten am Rand. Bienen, Wespen und Falter bestäuben die Pflanze, ebenso kann sie sich selbst bestäuben. Im September reifen daraus kleine Früchte mit Samen, die von Wind und Tieren verbreitet werden. Margeriten sind als Zierpflanzen in Gärten und auf Balkonen sehr beliebt.

Beschreibung

Merkmale ■ Familie der Korbblütler *(Asteraceae)*, mehrjährige, krautige Pflanze bis zu 60 cm hoch, Stängel kantig, untere Blätter gestielt, (obere weniger stark) grob gezähnt, spatelförmig, wechselständig

Vorkommen ■ Wiesen, Magerweiden

Besonderheit ■ Die Pflanze ist nicht giftig, kann aber bei Berührung Kontaktallergien auslösen.

Gewöhnliche Schafgarbe

Achillea millefolium

Beschreibung

Merkmale ■ Familie der Korbblütler *(Asteraceae)*, ausdauernde, krautige Pflanze mit blütentragenden Stängeln bis zu 100 cm hoch, Blätter länglich und doppelt fiederteilig, wechselständig

Vorkommen ■ Wiesen, Weiden, Wegränder

Besonderheit ■ Schafgarbe wird auch *Achilleskraut*, *Blutstillkraut*, *Feldgarbenkraut* oder *Grundheil* genannt.

Die Gewöhnliche oder *Gemeine Schafgarbe* wird gerne von Schafen gefressen und erhielt dadurch ihren Namen. Die kleinen Blütenköpfchen mit weißen Zungen- und Röhrenblüten blühen ab Mai und sind doldenförmig im Blütenstand wie in einem Schirm angeordnet. Aus ihnen reifen einsamige Früchte. Zu Beginn der Vollblüte werden die Triebspitzen gesammelt, getrocknet und bei Beschwerden im Magen- und Darmbereich eingenommen. Ihren lateinischen Namen *Achillea* verdankt die Pflanze dem griechischen Helden Achilles, der Schafgarbe als Wundkraut benutzt haben soll.

Kleines Schneeglöckchen

Galanthus nivalis

Das Kleine oder *Gewöhnliche Schnee-glöckchen* ist weit verbreitet und als Winterblüher der erste heimische Blumenbote. Im Februar schiebt sich ein Blütenschaftsstand aus dem Boden, der eine einzelne, nickende, weiße, frostharte Blüte mit sechs eiförmigen Blütenhüllblättern trägt, bei denen die äußeren drei doppelt so lang wie die inneren drei sind. Auf den inneren Blättchen sitzt ein grüner Punkt. Aus den Blüten reifen fleischige Kapselfrüchte mit Samen. Im Frühsommer zieht die Pflanze bereits wieder ihre Blätter ein.

Beschreibung

Merkmale ■ Familie der Amaryllisgewächse *(Amaryllidaceae)*, ausdauernde, krautige Pflanze, bis zu 15 cm hoch, bildet Zwiebel, Blätter bläulich grün, länger als der Blütenschaft, linealförmig

Vorkommen ■ Laubwälder, Gebüsche, feuchte Wiesen, auch als Zierpflanze

Besonderheit ■ Das Schneeglöckchen ist giftig, wobei der größte Giftanteil in den Zwiebeln sitzt.

Schneerose

Helleborus niger

Beschreibung

Merkmale ■ Familie der Hahnenfußgewächse *(Ranunculaceae)*, immergrüne, mehrjährige, krautige Pflanze, bis zu 30 cm hoch, gestielte Blätter, lanzettförmig
Vorkommen ■ Wälder, Gebüsche, steinige Abhänge, bis 1800 m
Besonderheit ■ Schneerosen können bis zu 25 Jahre alt werden.

Die Schneerose blüht in der Regel im Winter, manchmal auch schon zu Weihnachten, weshalb sie auch *Christrose* oder *Weihnachtsrose* genannt wird. Trotz ihres Namens gehört sie nicht zu den Rosengewächsen. Ihre weißen, tütenförmigen Blütenblätter können außen rötlich gefärbt sein und stehen endständig am Stängel. Die gelben Nektarblätter im Inneren locken Insekten an. Die Pflanze kann sich aber auch selbst befruchten. Aus den Blüten reifen Balgfrüchte, die weißen Blütenhüllblätter färben sich dann grün, um die Fotosynthese zu übernehmen.

Gewöhnliche Vogelmiere — *Stellaria media*

Die Gewöhnliche Vogelmiere oder auch *Vogel-Sternmiere* ist weltweit verbreitet und in vielen Gärten als Unkraut gefürchtet. Die weißen Blüten aus fünf Kelch- und fünf zweigeteilten Kronblättern erscheinen ab März und schließen sich nachts. Insekten bestäuben die Pflanze, auch Selbstbefruchtung ist möglich. Eine feine Haarlinie auf dem Stängel führt Tautropfen bis zum nächsten Blattpaar, sodass die Pflanze gut mit Wasser versorgt bleibt. In Kapseln reifen die Samen, die sich auf die Erde ausstreuen und von Menschen und Tieren verbreitet werden.

Beschreibung

Merkmale ■ Familie der Nelkengewächse *(Caryophyllaceae)*, einjährige, krautige Pflanze, bis zu 40 cm hoch, liegende, behaarte Stängel bilden Teppiche, Blätter eiförmig spitz

Vorkommen ■ Äcker, Ufer, Wälder, auch als Zierpflanze

Besonderheit ■ Seit der Steinzeit begleitet die Vogelmiere den Menschen als Kulturfolger.

Walderdbeere

Fragaria vesca

Beschreibung

Merkmale ■ Familie der Rosengewächse *(Rosaceae)*, mehrjährige, krautige Pflanze bis zu 25 cm
hoch, wintergrün, Blätter dreizählig, gesägt, leicht behaart
Vorkommen ■ Waldränder, Lich-
tungen, Heckenränder
Besonderheit ■ Die Gartenerd-
beere wurde nicht aus der Walderdbeere, sondern aus anderen
Erdbeerarten gezüchtet, die aus
Amerika stammen.

Die Walderdbeere wird schon seit
Jahrhunderten von Menschen als
Nahrung genutzt. Im Frühjahr bieten
ihre weißen, radiärsymmetrischen,
fünfzähligen Blüten den Insekten
Nektar am Blütengrund, wodurch die
Pflanze bestäubt wird. Aus den Blüten reifen kleine rote Sammelnussfrüchte in Form der bekannten Erdbeere, nur wesentlich kleiner. Bei
Reife bildet sich ein intensiver aroma-
tischer Geschmack. Säugetiere, Vögel und Käfer fressen und verbreiten
die Nüsschen. Die Walderdbeere vermehrt sich auch vegetativ über Ausläufer, die Wurzeln und neue Blätter
austreiben.

Waldmeister

Galium odoratum

Der Waldmeister wird auch *Wohl-riechendes Labkraut* genannt. Seine weißen, vierzipfeligen Blüten erscheinen ab Mai und stehen im rispenartigen Blütenstand am Ende eines vierkantigen Stängels. Aus ihnen reifen trockene Spaltfrüchte, die in runde, einsamige Teilfrüchte mit Borsten zerfallen, die sich an Fell und Kleidung festhaken und verbreitet werden. Waldmeister bildet Ausläufer und kann sich wie ein Teppich in lichten Wäldern am Boden ausbreiten. Werden seine Blätter zerrieben, entströmt ihnen der bekannte Waldmeistergeruch.

Beschreibung

Merkmale ■ Familie der Rötegewächse *(Rubiaceae)*, ausdauernde, krautige Pflanze, bis zu 40 cm hoch, lanzettliche, spitze Blätter sitzen in Quirlen am vierkantigen Stängel

Vorkommen ■ Lichte Laubmischwälder, auch als Zier-/Nutzpflanze

Besonderheit ■ Waldmeister wird zum Aromatisieren von Süßspeisen, Limonaden und Bowle eingesetzt.

Wilde Möhre

Daucus carota

Beschreibung

Merkmale ■ Familie der Doldenblütler *(Apiaceae)*, zweijährige, krautige Pflanze bis zu 120 cm hoch, verdickte, tiefe Hauptwurzel, Stängel borstig behaart, Blätter mehrfach gefiedert

Vorkommen ■ Wiesen, Äcker, Straßen- und Wegränder, Brachen

Besonderheit ■ Die Wurzel der Wilden Möhre ist essbar.

Die Wilde Möhre gehört mit ihren Unterarten zu den Vorgängern der Gartenmöhre. Ihr Rhizom, die Speicherwurzel, ist hell. Die zwittrigen Blüten mit linealförmigen Blättchen stehen in zusammengesetzten Dolden. Im Inneren erscheint oft die schwarz gefärbte, weibliche „Mohrenblüte", die Signale an bestäubende Insekten wie Sandbiene, Käfer und Fliegen aussenden soll. Nachts und zur Reife krümmen sich die Doldenstiele nestartig nach innen. Aus den Blüten reifen borstig-behaarte Klettfrüchte, die an Fell und Kleidung haften bleiben und dadurch verbreitet werden.

Echte Zaunwinde

Calystegia sepium

Die Echte oder *Gemeine Zaunwinde* ist in fast jedem Garten anzutreffen. Sie windet sich um Pflanzen, Holz oder Zäune empor. Von Mai bis September öffnen sich weiße, radiärsymmetrische Blüten mit trichterförmiger Blütenkrone. Da die Blüten auch nachts geöffnet bleiben, bestäuben vor allem Nachtfalter und Schwebfliegen die Pflanze. Es reifen ab Juni Kapselfrüchte mit eiförmigen Samen, die von Wind oder Wasser verbreitet werden. Aufgrund der metertiefen Wurzeln ist die Zaunwinde im Garten schwer zu bekämpfen.

Beschreibung

Merkmale ■ Familie der Windengewächse *(Convolvulaceae)*, kletternde, sommergrüne, krautige Pflanze, sich gegen den Uhrzeigersinn windende Sprossachse, Blätter wechselständig, tief herzförmig

Vorkommen ■ Hecken, Gärten, Zäune, Wegränder

Besonderheit ■ Wurzel und Kraut können als Heilmittel gegen Verstopfung und Gallenschwäche eingesetzt werden.

Ackerwinde
Convolvulus arvensis

Beschreibung

Merkmale ■ Familie der Windengewächse *(Convolvulaceae)*, dichtes Wurzelwerk mit Verdickungen, Blätter spieß- bis pfeilförmig

Vorkommen ■ Äcker, Wiesen, Wegränder, Halden, Gärten

Besonderheit ■ Die Ackerwinde galt früher aufgrund ihrer Substanzen als Heilpflanze und wurde auch in sogenannten „Hexensalben" verwendet.

Die Ackerwinde findet sich vor allem an Wegrändern und Äckern, wo sie sich über ihre sprossenden Wurzeln ausbreitet und mit den Trieben an Pflanzen und Zäunen nach oben windet. Im Gegensatz zur Zaunwinde sind die Trichterblüten der Ackerwinde wesentlich kleiner und mit rötlichen oder bläulichen zarten Streifen getönt sowie am Rand schwach gelappt. Die Blüten öffnen sich nur für einen Tag. Aus ihnen reifen Kapseln mit wenigen Samen. Die Ackerwinde gilt als lästiges Unkraut auf dem Feld und im Garten.

Dornige Hauhechel

Ononis spinosa

Die Dornige Hauhechel gehört zu den Schmetterlingsblütlern und bildet von Mai bis September eine entsprechende Blüte mit rosafarbenen Kronblättern aus. Sie duftet süßlich und erscheint in kleinen Blütentrauben an den Spitzen der Zweige und in den Blattachseln. Aus ihnen reifen drüsig behaarte Hülsenfrüchte. In ihren Wurzeln geht die Pflanze wie alle Leguminosen eine Symbiose mit stickstoffbindenden Bakterien ein und verbessert dadurch den Nährstoffgehalt des Bodens. Die getrocknete Wurzel wird als harntreibendes Mittel bei Nieren- und Blasenleiden eingesetzt.

Beschreibung

Merkmale ■ Familie der Hülsenfrüchtler *(Fabaceae)*, winterkahler Halbstrauch, bis zu 60 cm hoch, tiefe Pfahlwurzel, liegende und aufsteigende Stängel, bedornt, Blätter dreizählig gefiedert, oval

Vorkommen ■ Trockenrasen, Wegränder, Halden, Brachen, bis 1500 m Höhe

Besonderheit ■ Die Dornige Hauhechel unterscheidet sich von der Kriechenden Hauhechel durch ihre Dornen.

Echter Baldrian

Valeriana officinalis

Beschreibung

Merkmale ■ Familie der Geißblattgewächse *(Caprifoliaceae)*, ausdauernde krautige Pflanze, bis zu 1 m hoch, Blätter gefiedert, Blattfiedern oval bis lanzettlich
Vorkommen ■ Laubwälder, Gebüsche, Moorwiesen, Gebirgsschluchten
Besonderheit ■ Die Pflanze wurde vermutlich nach dem nordischen Lichtgott Balder benannt.

Der Echte Baldrian bevorzugt eine feuchte Umgebung. Im Frühjahr treibt er einen aufrechten, behaarten Stängel und ab Mai einen mehrstrahligen, doldenartigen Blütenstand. Die hellroten bis weißlichen Trichterblütchen darin sind radiärsymmetrisch, bis 5 mm groß und duften stark. Aus ihnen reifen kleine Nüsschen mit einem Haarkranz, die sich als Schirmflieger ausbreiten. Die getrocknete Wurzel wird seit Jahrhunderten zur Beruhigung, Schlafförderung und gegen Krämpfe und Koliken verabreicht.

Roter Fingerhut
Digitalis purpurea

Der Rote Fingerhut wird auch *Fingerkraut* oder *Waldschelle* genannt. Ihren lateinischen Namen *Digitalis* erhielt die Pflanze nach der Blütenform, denn *digitus* bedeutet Finger. Die hochgiftige Pflanze treibt im ersten Jahr eine Blattrosette und im zweiten Jahr aufrechte Stängel mit glockenförmigen, rosafarbenen bis purpurroten Blüten im traubigen Blütenstand, die innen weißwandig gefleckt sind. Bienen und Hummeln bestäuben die Pflanze. Der daraus reifende Samen wird vom Wind verbreitet. Die im Fingerhut enthaltenen Digitalisglykoside werden in der Medizin bei Herzkrankheiten eingesetzt.

Beschreibung

Merkmale ■ Familie der Wegerichgewächse *(Plantaginaceae)*, zweijährige krautige Pflanze, bis zu 1 m hoch, Blätter lang gestielt, eiförmig-lanzettlich, spiralig angeordnet

Vorkommen ■ Waldlichtungen, Kahlschläge, Waldwege, auch als Zierpflanze

Besonderheit ■ Bereits zwei Blätter der Pflanze können bei Verzehr zum Tod führen.

Klatschmohn

Papaver rhoeas

Beschreibung

Merkmale ■ Gehört zur Familie der Mohngewächse *(Papaveraceae)*, sommergrüne, ein- bis zweijährige krautige Pflanze, bis zu 90 cm hoch, besitzt Milchsaftröhren mit Milchsaft, Stängel und Blätter borstig behaart, Blätter fiederteilig und tieflappig
Vorkommen ■ Äcker, Wegränder, Brachen, auch als Zierpflanze
Besonderheit ■ Die roten Blütenblätter werden getrocknet Hustentees zugesetzt.

Der Klatschmohn ist ab Mai an seinen leuchtend roten Blüten aus großen vierzähligen Kronblättern mit dem schwarzen Fleck am Blütengrund gut zu erkennen. Aus den befruchteten Blüten reifen Kapselfrüchte, die an der Basis abgerundet sind und ein kleines Dach tragen. Darin befinden sich hunderte Mohnsamen (Mohnkörner), die durch Windkraft ausgestreut werden. Die Pflanze ist in vielen Teilen giftig, vor allem der Milchsaft. Aus den unreifen Fruchtkapseln und Samen des verwandten Schlafmohns wird Opium hergestellt, aus den reifen Samen Mohn für Süßspeisen.

Karthäusernelke

Dianthus carthusianorum

Die Karthäusernelke wuchs früher in vielen Klostergärten, was vermutlich zu ihrem Namen führte. Sie Karthäusernelke wird auch *Steinnelke* oder *Blutnelke* genannt. Ab Juni erscheinen die radiärsymmetrischen, duftenden Blüten mit fünfzähligen, gezähnten Kronblättern im endständigen Blütenstand und locken vor allem Falter an. Im Herbst entwickeln sich daraus die Samen.

Beschreibung

Merkmale ■ Familie der Nelkengewächse *(Caryophyllaceae)*, ausdauernde krautige Pflanze, bis zu 45 cm hoch, Blätter schmal linealisch, gegenständig am Grund miteinander verwachsen

Vorkommen ■ Trockenrasen, Heiden, lichte Wälder, warme Hänge, auch als Zierpflanze

Besonderheit ■ Die Karthäusernelke ist auf Briefmarken der Deutschen Post abgebildet.

Geflecktes Knabenkraut

Dactylorhiza maculata

Beschreibung

Merkmale ■ Familie der Orchideen *(Orchidaceae)*, ausdauernde Pflanze, bis zu 60 cm hoch, Knollenwurzel mit Wurzelpilzen, lanzettlich, längliche Blätter, braune Flecken an der Blattoberseite

Vorkommen ■ Feuchte Wiesen, Flachmoore, Heiden, lichte Wälder

Besonderheit ■ Das Gefleckte Knabenkraut ist äußerlich vom Fuchs' Knabenkraut kaum zu unterscheiden.

Das Gefleckte Knabenkraut gehört zu den seltenen heimischen Orchideen und ist vor allem in feuchten Wiesen und Flachmooren zu finden. Die Veränderungen des Lebensraumes setzten den verschiedenen Arten des Knabenkrautes sehr zu und verminderten den Bestand. Das Gefleckte Knabenkraut ist an den runden Flecken auf den Blattspreiten zu erkennen. Es bildet einen kegelförmig bis zylindrischen Blütenstand mit hellrosa bis lilafarbenen, spiegelsymmetrischen, bespornten Blüten aus. Die Pflanze ist besonders geschützt.

Gemeiner Thymian

Thymus pulegioides

Der Gemeine, *Feld-* oder auch *Breitblättrige* Thymian ist ein Lippenblütengewächs und bildet eine entsprechende spiegelsymmetrische Blüte aus. Die kleinen purpurfarbenen Lippenblüten stehen in einem kugeligen Quirl und produzieren einen würzigen Nektar, der zahlreiche Insekten anzieht, wodurch die Pflanze sich nicht selbst bestäuben muss. Aus den Blüten reifen fetthaltige Früchte, die die Ameisen sammeln und dadurch die Samen verbreiten. Das blühende Kraut wird als Heilmittel verwendet, ist jedoch weniger wirksam als das des Echten Thymians.

Beschreibung

Merkmale ■ Familie der Lippenblütler *(Lamiaceae)*, ausdauernder Halbstrauch, bis zu 25 cm hoch, kurze kriechende Sprossachse, vierkantiger Stängel, dünne, kleine länglich-eiförmige, lederartige, aromatisch duftende, leicht rot gefärbte Blätter
Vorkommen ■ Trockenrasen, Heiden, Böschungen, Kiesgruben
Besonderheit ■ Zur Gattung der Thymiane gehören viele formenreiche Arten, einige davon dienen als Heil- und Gewürzpflanzen.

Ruprechtskraut

Geranium robertianum

Beschreibung

Merkmale ■ Familie der Storchschnabelgewächse *(Geraniaceae)*, ein- oder zweijährige krautige Pflanze, bis zu 50 cm hoch, stark verzweigt, Blätter gefiedert und Fieder doppelt fiederspaltig, mit Blattstielen
Vorkommen ■ Wälder, Schluchten, auf Steingeröll, an Mauern
Besonderheit ■ Die Pflanze kann ihre Blattspreiten zum Licht hin ausrichten und so auch den kleinsten Lichteinfall nutzen.

Das Ruprechtskraut, das auch *Stinkender Storchschnabel heißt*, verströmt einen starken und unangenehmen Duft. Seine kleinen radiärsymmetrischen Blüten mit den fünf rosafarbenen Kronblättern erscheinen von April bis in den Herbst und werden von Insekten, vor allem von Bienen, bestäubt. Aus ihnen reifen Früchte mit fünf Kammern, in denen jeweils ein Samen sitzt, der ausgeschleudert wird. Die Pflanze bevorzugt schattige, stickstoffreiche Standorte. Steht sie im Sonnenlicht, färben sich die Pflanzenteile zum Schutz rot.

Türkenbundlilie

Lilium martagon

Die Türkenbundlilie oder der *Türkenbund* besitzt eine goldgelbe Zwiebel und heißt deshalb mancherorts auch *Goldwurz*. Die hängenden Blüten erscheinen zwischen Juni und August im rispigen Blütenstand. Ihre zurückgerollten sechs Blütenblätter können den Stiel berühren und bilden die Turbanform, nach der die Lilie benannt wurde. Die Blätter sind hellbraun bis rot gefärbt mit dunklen Sprenkeln. Die Blüten können sich selbst nicht befruchten, duften abends stärker und werden von Nachtfaltern bestäubt. Aus ihnen reifen aufrecht stehende Samenkapseln, deren Samen der Wind fortträgt.

Beschreibung

Merkmale ■ Familie der Liliengewächse *(Liliaceae)*, ausdauernde krautige Pflanze, bis zu 120 cm hoch, Stängel unten dicht beblättert, danach Blattwirle mit lanzettlichen Blättern

Vorkommen ■ Laub- und Mischwälder, Bergwiesen

Besonderheit ■ Rehe verspeisen besonders gerne die Blüte.

Schmalblättriges Weidenröschen   *Epilobium angustifolium*

Beschreibung

Merkmale ■ Familie der Nachtkerzengewächse *(Onagraceae)*, sommergrüne, ausdauernde krautige Pflanze, bis zu 120 cm hoch, ausgedehntes Rhizom, Stängel meist unverzweigt, Blätter wechselständig, schmal lanzettlich

Vorkommen ■ Waldränder, Kahlschläge, Schuttplätze

Besonderheit ■ Als sogenannte „Pionierpflanze" breitet sich das Weidenröschen gerne auf Schutt- und Trümmerflächen aus.

Die Blüten des Schmalblättrigen Weidenröschens erscheinen ab Juni und stehen in verlängerten Trauben. Die vier purpurfarbenen Kronblätter sind breit abgerundet und ziehen Hautflügler zur Bestäubung an. Aus den Blüten reifen lange, rote Kapselfrüchte, die aufspringen und die Samen entlassen. An den Samen sitzen lange Härchen, die wie ein Schirmchen fungieren und sie weit fliegen lassen. Da das Weidenröschen von unten nach oben erblüht, können an einer Pflanze Knospen, Blüten und Früchte gleichzeitig auftreten. Es kann sich aber auch vegetativ aus dem verzweigten Rhizom vermehren.

Wiesenklee

Trifolium pratense

Der Wiesenklee wird aufgrund seiner rosafarbenen bis roten Blüten auch *Rotklee* genannt. Die Schmetterlingsblüten erscheinen ab April im kugeligen, ährigen Blütenstand, sind spiegelsymmetrisch und werden von langrüsseligen Insekten besucht und bestäubt. Aus den Blüten reifen kleine ein- bis zweisamige Früchte, die trocknen und sich als Schirmchenflieger verbreiten. Wie alle Kleearten gehen seine Wurzeln eine Symbiose mit stickstoffanreichernden Bakterien (Knöllchenbakterien) ein, sodass der Boden durch Kleeanbau verbessert wird.

Beschreibung

Merkmale ■ Familie der Schmetterlingsblütler *(Fabaceae)*, ein- bis zweijährige, krautige Pflanze, bis zu 60 cm hoch, Stängel aufrecht, Blätter wechselständig bis spiralig, Blattspreite dreiteilig gefiedert, eiförmig bis elliptisch, in der Blattmitte gefleckt, bildet Nebenblätter

Vorkommen ■ Fettwiesen, Wegränder, lichte Wälder

Besonderheit ■ Der Wiesenklee ist eiweißreich und eine gute Futterpflanze für Weidevieh.

Wiesenschaumkraut

Cardamine pratensis

Beschreibung

Merkmale ■ Familie der Kreuzblütler *(Brassicaceae)*, ausdauernde, krautige Pflanze, bis zu 50 cm hoch, Stängel aufrecht und unverzweigt, Blätter in grundständigen Rosetten, gefiedert mit rundlichen Fiederblättchen, Blätter am Stiel lanzettlich

Vorkommen ■ Feuchtwiesen, Moore, Auwälder, Ufer

Besonderheit ■ An den Blättern, die am Boden aufliegen, können sich Brutknospen bilden, aus denen neue Pflanzen wachsen.

Das Wiesenschaumkraut ist weit verbreitet und dominiert im Frühjahr zahlreiche Wiesen. Seinen Namen erhielt es vermutlich nach den Schaumnestern der dort vorkommenden Schaumzikaden. Ab April erscheinen vierzählige, weißlich bis rosafarbene Blüten endständig am Stängel in einem traubigen Blütenstand. Typisch sind die gelben Staubgefäße. Den Nektar am Blütenboden sammeln Bienen, Falter und Schwebfliegen und bestäuben dadurch die Pflanze. Aus den befruchteten Blüten reifen Schoten mit einreihig angeordneten Samen, die bei Reife aufspringen und die Samen entlassen.

Ackerkratzdistel

Cirsium arvense

Die Ackerkratzdistel oder *Ackerdistel* bevorzugt trockene Standorte. Sie kann als weibliche Pflanze oder als Pflanze mit zwittrigen Blüten wachsen. Ab Juli treten an den Zweigenden ca. 2 cm große, runde Blumenkörbchen auf, die sich aus 100 rötlich bis lilafarbenen Blüten zusammensetzen, die nach Honig duften. Aus den befruchteten Blüten reifen behaarte Samen, die sich als Schirmchenflieger verbreiten. Neben der Ackerkratzdistel gibt es mehr als 200 Kratzdistel-Arten.

Beschreibung

Merkmale ■ Familie der Korbblütler *(Asteraceae)*, ausdauernde krautige Pflanze, bis zu 1,50 m hoch, Wurzel bis zu 2,80 m tief, Blätter buchtig gezähnt mit dorniger Bewimperung, Stacheln bis zu 5 mm lang
Vorkommen ■ Weg- und Feldränder, Brachen, Halden
Besonderheit ■ Die Ackerkratzdistel kann sich bei für Insekten ungünstiger Witterung auch selbst bestäuben.

Herbstzeitlose

Colchicum autumnale

Beschreibung

Merkmale ■ Familie der Zeitlo-sengewächse *(Colchicaceae)*, ausdauernde krautige Pflanze, bis zu 30 cm hoch, bildet Knol-len, Blätter in grundständiger Rosette, schmal bis lanzettlich
Vorkommen ■ Feuchtwiesen, Au-wälder, Böschungen
Besonderheit ■ Die Herbstzeitlo-se ist in allen Teilen sehr giftig und enthält Colchizin, das mit 20 mg bei Tieren und beim Men-schen zum Tode führt.

Die Herbstzeitlose bildet von August bis Oktober ein bis drei radiärsymme-trische Blüten aus sechs zart lilafar-benen Blütenblättern, die trichterar-tig nach unten zu einer langen Röhre verwachsen sind und bis zur Knolle 15 cm tief ins Erdreich reichen. Erst im nächsten Frühjahr entwickelt sich daraus die eiförmige Kapsel mit den Samen. Blätter und Blüten treten nie gleichzeitig auf. Die Samen werden in der Heilkunde verwendet.

Gewöhnliche Kuhschelle

Pulsatilla vulgaris

Die Gewöhnliche oder *Gemeine Kuhschelle* oder *Gewöhnliche Küchenschelle* erhielt ihren Namen nach dem Aussehen, denn die halb geschlossene Blüte ähnelt einer Kuhglocke. Die Blütenhüllblätter sind behaart, stehen endständig am Stängel und erscheinen ab März. Anfangs sind sie zueinander geneigt, mit zunehmender Blüte öffnen sie sich nach außen. Im Zentrum stehen gelbe Staubblätter mit reichlich Pollen und Nektar, den Bienen, Hummeln und Ameisen suchen. Aus der befruchteten Blüte reifen Nüsschen mit einem Federschweif und verbreiten sich fliegend mit dem Wind.

Beschreibung

Merkmale ■ Familie der Hahnenfußgewächse *(Ranunculaceae)*, ausdauernde krautige Pflanze, bis zu 40 cm hoch, Tiefwurzler, Blätter in grundständiger Rosette, doppelt gefiedert, linealisch

Vorkommen ■ Trockenrasen, kalkhaltige Böden im Mittelgebirgsraum

Besonderheit ■ Die Kuhschelle ist stark gefährdet und steht unter besonderem Schutz.

Saatluzerne

Medicago sativa

Beschreibung

Merkmale ■ Familie der Hülsenfrüchtler *(Fabaceae)*, ausdauernde krautige Pflanze, bis zu 1 m hoch, tiefreichendes Wurzelsystem, Blätter dreizählig gefiedert
Vorkommen ■ Wegränder, Böschungen, auf Feldern, auch als Zier-/Nutzpflanze
Besonderheit ■ Saatluzerne ist eine eiweißreiche Futterpflanze.

Die Saatluzerne wird auch *Luzerne*, *Alfalfa* oder *Schneckenklee* genannt. Ihre Blütenstände ähneln denen der Kleearten und stehen ab Mai in weißlich bis violetten Schmetterlingsblüten in kopfigen Trauben. Die Blüten, die selbststeril sind, werden von Hummeln und Bienen besucht und bestäubt. Aus ihnen reifen Hülsen, die sich bei Reife ein wenig öffnen und den Samen vom Wind hinaus schleudern lassen oder von Tieren verbreitet werden. Wie alle Leguminosen geht die Saatluzerne eine Symbiose mit stickstoffbindenden Wurzelbakterien ein und verbessert den Boden.

Strandaster

Aster tripolium

Die Strandaster blüht mit mehreren Blütenköpfen, die aus zart lilafarbenen, weiblichen längeren Zungenblüten und zwittrigen gelblichen Röhrenblüten im Körbcheninneren bestehen. Die Blüten werden von Insekten bestäubt, aber auch Selbstbestäubung ist möglich. Es reifen flugfähige Samennüsschen, die von Wind oder Wasser verbreitet werden. Die Strandaster verträgt salzigen Boden, indem sie Salz in den älteren, fleischigen Blättern einlagert und diese regelmäßig abwirft. Ihre Wurzeln besitzen Luftpolster, um sich im sauerstoffarmen Boden ausbreiten zu können.

Beschreibung

Merkmale ■ Familie der Korbblütler *(Asteraceae)*, ein- oder zweijährige krautige Pflanze, bis zu 150 cm hoch, rötlich getönte Stängel, Blätter lanzettlich geformt, fleischig

Vorkommen ■ Nasse Salzwiesen, Salinen

Besonderheit ■ Die Strandaster ist eine typische Salzpflanze (Halophyt).

Schwarze Tollkirsche

Atropa belladonna

Beschreibung

Merkmale ■ Familie der Nachtschattengewächse *(Solanaceae)*, ausdauernde krautige Pflanze, bis zu 150 cm hoch, reich verzweigt, Blätter kurz gestielt, eiförmig, drüsig behaart
Vorkommen ■ Waldlichtungen, Waldränder, Brachflächen
Besonderheit ■ Die Tollkirsche ist in allen Teilen giftig.

Die Schwarze Tollkirsche ist eine giftige Pflanze, die früher als Zauberpflanze galt. Die zwittrigen Blüten stehen einzeln, erscheinen ab Juni und sind glockenförmig, braunviolett und besitzen einen fünfzipfeligen Saum, der leicht nach außen gewölbt ist. Sie werden von Bienen und Hummeln bestäubt, können sich aber auch selbst bestäuben. Aus den Blüten reifen die glänzenden und sehr giftigen Beeren, die von Vögeln gefressen werden und sich über den ausgeschiedenen Samen verbreiten.

Vogelwicke

Vicia cracca

Die Vogelwicke gehört zu den artenreichen Wicken, zu denen auch die Zaunwicke, die Waldwicke und die Futterwicke zählen. Sie alle tragen Schmetterlingsblüten, die bei der Vogelwicke mit bis zu 40 Stück in einer Traube stehen, blauviolett sind und im Juni und Juli erscheinen. Der kahle Stängel ist leicht behaart. Wickelranken an den Fiederblättern können sich an anderen Pflanzen emporranken. Aus den Blüten reifen schwarze Hülsenfrüchte, die austrocknen und die Samen verstreuen. Wie bei allen Wicken sitzen an den Wurzeln symbiontische Knöllchenbakterien, die Stickstoff binden.

Beschreibung

Merkmale ■ Familie der Hülsenfrüchtler *(Fabaceae)*, ausdauernde krautige Pflanze, bis zu 120 cm hoch, Halbrosetten- und Kletterpflanze, Blätter mit bis zu zwölf Paaren Fiederblättchen, schmal lanzettlich
Vorkommen ■ Wiesen, Äcker, Gebüsche, Weiden
Besonderheit ■ Hummeln beißen oft seitlich die Blüten auf, um an den Nektar zu gelangen.

Waldveilchen

Viola reichenbachiana

Beschreibung

Merkmale ■ Familie der Veilchengewächse *(Violaceae)*, ausdauernde krautige Rosettenpflanze, bis zu 25 cm hoch, Blätter herzförmig und spitz zulaufend
Vorkommen ■ Laub- und Nadelmischwälder
Besonderheit ■ Für Kosmetikprodukte werden die Duftstoffe des Wohlriechenden Veilchens verwendet.

Das Waldveilchen gehört zur Gattung der Veilchen, von denen auch das Hundsveilchen, das Wohlriechende Veilchen oder das Hainveilchen in Mitteleuropa oft vorkommen. Die lilafarbenen bis rotvioletten Blüten sind fünfzählig und spiegelsymmetrisch. Von den fünf Kronblättern trägt das untere violette Adern im Inneren. Die Samen sitzen in kleinen Früchten, die austrocknen und verstreut werden. Die Pflanze vermehrt sich außerdem vegetativ über Wurzelsprosse.

Wiesenglockenblume

Campanula patula

Die lilafarbenen Blüten der Wiesenglockenblume stehen leicht nickend im rispigen Blütenstand. Ihre glockenförmige Form mit den fünf Kronblättern, die trichterförmig verwachsen sind, gab der Blume ihren Namen. In der Schweiz heißt sie deshalb mancherorts *Glöggli*, in Mecklenburg *Klockenblom*. Sie wächst vor allem in Fettwiesen, wo Bienen die Blüten bestäuben. Aus ihnen reifen eiförmige Kapselfrüchte mit Samen, die ausgestreut werden. Auch die Rundblättrige und die Pfirsichblättrige Glockenblume gehören zu den mehr als 300 bekannten Arten der Glockenblume.

Beschreibung

Merkmale ■ Familie der Glockenblumengewächse *(Campanulaceae)*, zwei- bis mehrjährige, krautige Pflanze, bis zu 70 cm hoch, Blätter gestielt, verkehrt eiförmig bis linealisch
Vorkommen ■ Fettwiesen, Gebüsche, auch als Zierpflanze
Besonderheit ■ Als typische Lichtpflanze richtet sie ihre Blüten gern nach der Sonne aus.

Gewöhnliche Akelei

Aquilegia vulgaris

Beschreibung

Merkmale ■ Familie der Hahnenfußgewächse *(Ranunculaceae)*, mehrjährige krautige Pflanze, bis zu 60 cm hoch, kräftiges Rhizom, Blattrosette sowie rundlich gelappte, blaugrüne Blätter am Stängel
Vorkommen ■ Laubwälder, Gebüsche, auch als Zierpflanze
Besonderheit ■ Der Bestand gilt als gefährdet, deswegen sind wildwachsende Akeleien geschützt.

Die Gewöhnliche oder *Gemeine Akelei* gehört mit weiteren 70 Arten zur Gattung der Akeleien. Typisch sind ab Mai ihre nickenden Blüten mit fünf gespornten Blütenblättern, auf deren Grund Nektar sitzt, der langrüsselige Insekten anzieht. Kurzrüsselige Insekten erreichen nur den gelben Pollen auf den Staubgefäßen im Zentrum der Blüte. Äußerlich ähnelt sie angeblich Schnabel und Krallen des Adlers, der auf Latein *„aquila"* heißt und Namenspatron war. Aus den Fruchtblättern reifen aufrecht stehende Früchte mit schwarzen Samen, die vom Wind verstreut werden. Die Gewöhnliche Akelei ist schwach giftig.

Blauer Eisenhut
Aconitum napellus

Der Blaue Eisenhut wird auch Gifthut genannt, weil alle Teile der Pflanze sehr giftig sind. Sein Name bezieht sich auf die eigentümliche Blütenform. Dieser Blütenhelm, der im Juli und August erscheint, ist eher breit und hoch und steht in Trauben beieinander. Er ist im Inneren fein behaart und wird von Hummeln, Käfern und Schwebfliegen besucht. Aus jeder Blüte reifen drei Balgfrüchte, die sich öffnen und glänzenden, schwarzen Samen entlassen. Der Blaue Eisenhut steht unter Naturschutz.

Beschreibung

Merkmale ■ Familie der Hahnenfußgewächse *(Ranunculaceae)*, ausdauernde krautige Pflanze bis zu 150 cm hoch, verdickte fleischige Wurzel, handförmig geteilte Blätter

Vorkommen ■ Feuchte, humose Stellen, an Wegen, Zäunen, auf Viehweiden, im Gebirge bis 3000 m Höhe

Besonderheit ■ Bereits 2 g der Wurzel sind tödlich.

Clusius-Enzian

Gentiana clusii

Beschreibung

Merkmale ■ Familie der Enziangewächse *(Gentianaceae)*, ein- bis zweijährige krautige Pflanze, bis 30 cm hoch, grundständige Rosette mit lanzettlichen Blättern

Vorkommen ■ Trockenrasen, alpine Wiesen, kalkige Böden, bis 2800 m Höhe

Besonderheit ■ Enzianschnaps enthält die Extrakte aus den Wurzeln des Gelben Enzians und niemals des blauen.

Enzian gibt es weltweit in mehr als 300 Arten. Der Clusius-Enzian ist auch unter dem Namen *Stängelloser Enzian* bekannt. Benannt wurde er nach dem Naturforscher Charles de l'Écluse, der im 16. Jh. lebte. Zu verwechseln ist er leicht mit dem Kochschen Enzian, der ebenfalls als Stängelloser Enzian bezeichnet wird. Bei beiden sitzt auf einem sehr kurzen Stängel eine leuchtend blaue, glockige Blüte, die von Mai bis August erscheint. Die fünf Kronblätter sind am Grund miteinander verwachsen. Wie alle Enzian-Arten steht auch der Clusius-Enzian unter Naturschutz.

Kornblume

Centaurea cyanus

Die Kornblume ist oft auf Kornäckern anzutreffen, wodurch sie ihren Namen erhielt. Ihre Blütenkronen sind blau gefärbt, am Rande länger und bilden mit ca. 30 fertilen Röhrenblüten im Inneren ein Blütenkörbchen. Typisch sind auch die filzig behaarten, grünen Hüllblätter. Hautflügler, Schwebfliegen und Tagfalter bestäuben die Blüte zwischen Juni und Oktober. Die einsamigen Früchte breiten sich über Ameisen oder den Wind aus. Im Herbst stirbt die Pflanze ab. Als Kulturfolgerin ist die Kornblume seit den ersten Tagen des Ackerbaus auf Getreidefeldern zu finden.

Beschreibung

Merkmale ◼ Familie der Korbblütler *(Asteraceae)*, einjährige krautige Pflanze, bis zu 80 cm hoch, aufrechter, behaarter Stängel, Blätter wechselständig, linealisch-lanzettlich

Vorkommen ◼ Kornfelder, Brachen, Wegränder

Besonderheit ◼ Die Kornblume wächst oft neben Kamille und Klatschmohn an trockenen Standorten.

Acker-Rittersporn

Consolida regalis

Beschreibung

Merkmale ■ Familie der Hahnenfußgewächse *(Ranunculaceae)*, einjährige krautige Pflanze, bis zu 50 cm hoch, wechselständige Blätter gestielt und fiederteilig, lineale Zipfel

Vorkommen ■ Äcker, Trockenplätze, Wegränder

Besonderheit ■ Alle Pflanzenteile sind giftig.

Der Acker-Rittersporn oder *Gewöhnliche Feldrittersporn* gehört zu den Feldritterspornen mit ca. 40 Arten. Alle haben zwittrige, spiegelsymmetrische und lang gespornte Blüten. Der Acker-Rittersporn blüht blau von Mai bis August in lockeren Rispen, wobei der Sporn 2–4 cm Länge misst, waagerecht ist oder nach oben zeigt. Im Nektartrichter saugen langrüsselige Hummeln, Schmetterlinge und Bienen und bestäuben so die Blüte. Aus ihr reifen kahle Früchte mit vielen Samen, die sich öffnen und ihren Inhalt ausstreuen. Der Acker-Rittersporn wird heute als gefährdet eingestuft.

Kleine Traubenhyazinthe
Muscari botryoides

Die Kleine Traubenhyazinthe kommt ursprünglich aus dem Mittelmeerraum. Sie bildet an einem Stängel einen traubenförmigen Blütenstand aus. Die einzelnen, radiärsymmetrischen, nickenden Blüten bestehen aus miteinander verwachsenen Blütenblättern, sind rundlich und weiß gesäumt. Sie werden von Bienen und Hummeln bestäubt und reifen zu Samenkapseln, die aufreißen und deren Samen vom Wind und Regen verstreut werden. Die Kleine Traubenhyazinthe bildet keine Tochterzwiebeln und damit keine Horste aus.

Beschreibung

Merkmale ■ Familie der Spargelgewächse *(Asparagaceae)*, mehrjährige krautige Pflanze, bis zu 20 cm hoch, bildet Zwiebeln mit 2 lanzettlichen, fleischigen, aufrecht stehenden Blättern

Vorkommen ■ Trockenrasen, Hänge, Kulturland

Besonderheit ■ Sie gilt wie die anderen vier Traubenhyazinthen in unserer Heimat als eine gefährdete Pflanzenart.

Vergissmeinnicht

Myosotis

Beschreibung

Merkmale ▪ Familie der Raublattgewächse *(Boraginaceae)*, einjährige krautige Pflanze, bis zu 50 cm hoch, aufrechter oder schlaff wachsender, behaarter Stängel, Blätter lanzettlich und behaart

Vorkommen ▪ Feuchte Wiesen, Gräben, Ufer, auch als Zierpflanze

Besonderheit ▪ Die Blüten können sich bei geändertem Säuregehalt des Bodens auch leicht rosa färben.

Das Vergissmeinnicht tritt in 41 Arten in Europa auf. Auch in anderen Sprachen heißt die Pflanze Vergissmeinnicht (z.B. engl.: *Forget-me-not*).Typisch sind die radiärsymmetrischen, fünfzähligen Blüten mit himmelblauen Kronblättern und glockenförmigem Kelch sowie gelben Schuppen, die zum Blüteneingang weisen. Die Blüten stehen in zweiästigen Blütenständen. Bienen, Falter und Fliegen sammeln den Nektar und bestäuben die Blüte. Daraus reifen Früchte, die sich in vier einsamige Teilfrüchte spalten und an Kleidung oder Tieren haften bleiben und sich dadurch ausbreiten.

Gemeine Wegwarte
Cichorium intybus

Die Gemeine Wegwarte wird auch Zichorie genannt und gilt zudem als Gemüse, denn ihre Blätter können als Salat gegessen werden. Die Pfahlwurzel ist auch heute noch Bestandteil von Kaffee-Ersatz-Getränken. Die Blüte besteht aus blauen Zungenblüten und erscheint von Juli bis September. Sie ist oft nur vormittags geöffnet. Bienen und Schwebfliegen bestäuben die Blüten. Die Samen verbreiten sich über den Wind. Seit dem Mittelalter wird die Wegwarte bei Leber-, Magen- und Darmbeschwerden eingesetzt, heute auch gegen Appetitlosigkeit.

Beschreibung

Merkmale ■ Familie der Korbblütler *(Asteraceae)*, ausdauernde krautige Pflanze, bis zu 100 cm hoch, tiefreichende Pfahlwurzel, Grundblätter fiederschnittig, Stängelblätter lanzettlich
Vorkommen ■ Wegränder, Äcker, Schuttplätze, bis 1500 m Höhe
Besonderheit ■ Kulturformen der Zichorie sind Chicorée, Radicchio und Wurzelzichorie.

Gewöhnlicher Beifuß
Artemisia vulgaris

Beschreibung

Merkmale ■ Familie der Korbblütler *(Asteraceae)*, ausdauernde krautige Pflanze, bis zu 180 cm hoch, aufrechter Stängel reich verzweigt, Blätter fiederteilig, unterseitig behaart
Vorkommen ■ Wegränder, Ufer, Schuttplätze, Brachflächen, bis 1600 m Höhe
Besonderheit ■ Beifuß-Pollen gilt als Auslöser allergischer Reaktionen und Heuschnupfen.

Der Gewöhnliche oder *Gemeine Beifuß* heißt auch *Besen-* oder *Gänsekraut* und riecht unangenehm. Seine weißlich-grauen Blütenkörbchen aus fertilen, radiärsymmetrischen Röhrenblüten stehen in rispigen Blütenständen zusammen und erscheinen von Juli bis September. Im Herbst reifen die Kapseln und verstreuen am Vormittag die Samen. Als Gewürzpflanze aromatisiert der Beifuß schwere Gerichte, als Heilpflanze hilft er bei Verdauungsstörungen und Magenbeschwerden. Dafür wird das Kraut bei noch geschlossenen Blütenkörbchen geerntet.

Große Brennnessel
Urtica dioica

Die Brennnessel ist vor allem durch ihre Brennhaare auf Spross und Laubblättern bekannt. Bei Berührungen werden Stoffe, die Nesselquaddeln mit Juckreiz erzeugen, schmerzhaft in die Haut eingespritzt. Die Große Brennnessel ist im Gegensatz zur Kleinen Brennnessel zweihäusig und bildet auf einer Pflanze entweder männliche oder weibliche Blüten, die vom Wind bestäubt werden. Die Blüten wachsen in rispigen Blütenständen in den Blattachseln. Während die männlichen Blüten steifig abstehen, hängen die weiblichen herab. Die Einzelblüten sind radiärsymmetrisch und unscheinbar grünlich. Daraus reifen kleine Nussfrüchte mit Samen.

Beschreibung

Merkmale ■ Familie der Brennnesselgewächse *(Urticaceae)*, ausdauernde krautige Pflanze, bis zu 200 cm hoch, kräftiges Rhizom, aufrechter, unverzweigter, kantiger Stängel, Blätter gegenständig, herzförmig zugespitzt
Vorkommen ■ Stickstoffreiche Böden, Wegränder, Schuttplätze, Brachflächen, bis 2100 m Höhe
Besonderheit ■ Die Brennnessel ist vitamin- und mineralstoffreich und kann gekocht oder als Salat mit den jungen Trieben verzehrt werden. Ihr Tee wirkt harntreibend.

Gewöhnlicher Frauenmantel — *Alchemilla vulgaris*

Beschreibung

Merkmale ■ Familie der Rosengewächse *(Rosaceae)*, ausdauernde krautige Pflanze, bis zu 30 cm
hoch, Blätter rundlich bis 22 cm
breit, 5- bis 9-lappig, schwach
trichterförmig, Oberseite gras-
grün, Unterseite graugrün
Vorkommen ■ Wiesen, Wälder,
auch als Zierpflanze
Besonderheit ■ Früher wurde das
getrocknete Kraut bei Magen- und
Darmerkrankungen gegeben. Dies
ist wegen des hohen Gerbstoff-
gehalts nicht mehr gebräuchlich.

Der Gewöhnliche, *Gemeine* oder auch
Spitzlappige Frauenmantel verfügt
über eine besondere Taubildung in
den Morgenstunden, bei der von sogenannten Wasserspalten an den
Blatträndern Wassertropfen ausge-
presst werden. Die Blätter sind von
einer wasserabstoßenden Wachs-
schicht bedeckt, sodass sich das Wasser am Rand oder in der Blattmitte
sammelt. An kahlen Blütenstielen erscheinen von Mai bis Oktober grüne
bis gelbgrüne Blüten in lockeren Rispen. Samen bildet sich auch ohne Befruchtung in kleinen Nüsschen.

Spreizende Melde
Atriplex patula

Die Spreizende Melde ist einhäusig getrenntgeschlechtlich und besitzt männliche und weibliche Blüten, die als aufrechte Scheinähre im Blütenstand von Juli bis September erscheinen. Die männlichen Blüten besitzen grüne Blütenhüllblätter, die weiblichen nur zwei Vorblätter, die vom Wind oder selbst bestäubt werden. Aus ihnen reifen kleine Früchte mit Samen mit Vorblättern, die bei der Windausbreitung helfen. Die Pflanze ist Nahrung für zahlreiche Schmetterlingsraupen.

Beschreibung

Merkmale ▪ Familie der Fuchsschwanzgewächse *(Amaranthaceae)*, einjährige krautige Pflanze, bis zu 100 cm hoch, gerippter, verzweigter Stängel, Blätter wechselständig, länglich, rhombisch-lanzettlich, abstehend

Vorkommen ▪ Stickstoffreiche Böden, Unkrautflure

Besonderheit ▪ Die jungen Blätter der Melde können roh als Salat oder gekocht als Spinat verzehrt werden.

Stinkende Nieswurz

Helleborus foetidus

Beschreibung

Merkmale ■ Familie der Hahnenfußgewächse *(Ranunculaceae)*,
immergrüner Halbstrauch, bis zu
50 cm hoch, horstig wachsend,
Blätter gestielt, bis 9-teilig, Hoch-
blätter einfach, spitz-oval
Vorkommen ■ Steinige Böden,
trockene Gebüsche, Eichen- und
Buchenwälder
Besonderheit ■ Die Pflanze ist
sehr giftig.

Die Stinkende Nieswurz trägt ihren
Namen zu Recht, denn ihre Blätter
riechen unangenehm. Auch ihr latei-
nischer Name weist darauf hin, da
foetidus „stinkend" bedeutet. Ihre
früh blühenden Blüten aus glockenförmigen, grünen Kelchblättern bilden Büschel und öffnen sich bereits
im Winter und sehr zeitigen Frühjahr. Bienen und Hummeln bestäuben die Blüten, die im Inneren wär-
mer als die Umgebung sind. Ältere
Blüten tragen einen roten Saum. Aus
den Blüten reifen Balgfrüchte, deren
schwarze Samen vom Wind ausgeschüttet werden.

Breitblättriger Rohrkolben — *Typha latifolia*

Der Breitblättrige Rohrkolben gehört zur sehr alten Familie der Rohrkolbengewächse mit ca. 35 Arten weltweit. Er ist einhäusig getrenntgeschlechtlich und trägt von Juni bis August einen kolbenförmigen Blütenstand aus einfachen, dunkelbraunen, weichen weiblichen Blüten im unteren und männlichen Blüten im oberen Bereich. Die Blüten bestehen aus strohfarbenen Schuppen und Staubblättern. Daraus reifen mehrsamige Nussfrüchte, die Flughaare tragen und vom Wind verbreitet werden. Rohrkolben werden mit Blättern und Halmen für Reetdächer und Flechtwerk oder zur Zierde genutzt.

Beschreibung

Merkmale ■ Familie der Rohrkolbengewächse *(Typhaceae)*, ausdauernde krautige Pflanze, bis zu 3 m hoch, kriechende Rhizome, Stängel aufrecht und rund, Blätter wechselständig, linealisch bis 95 cm lang

Vorkommen ■ Röhrichtzone von stehenden und langsam fließenden Gewässern

Besonderheit ■ Aus den Wurzeln und Stängeln kann Sirup gewonnen und aus den getrockneten Wurzeln Mehl hergestellt werden.

Spitzwegerich

Plantago lanceolata

Beschreibung

Merkmale ■ Familie der Wegerichgewächse *(Plantaginaceae)*, ausdauernde krautige Pflanze, bis zu 50 cm hoch, Wurzel bis zu 60 cm tief, Stängel aufrecht, Blätter spitz-oval bis lanzettlich, stehend in grundständiger Rosette
Vorkommen ■ Fettwiesen, Wege, Äcker
Besonderheit ■ Spitzwegerich gilt seit alters her als eines der vielseitigsten Heilkräuter.

Der Spitzwegerich blüht im ährigen Blütenstand auf einem fünffurchigen, blattlosen Stil. Die braunen Blüten öffnen sich von unten nach oben, schieben ihre Griffel und Staubblätter heraus und werden vor allem vom Wind bestäubt. Es reifen klebrige Samen in winzigen Deckkapseln und werden von Tierpfoten und Schuhen verbreitet. Das Kraut des Spitzwegerichs wird getrocknet. Es besitzt eine antibakterielle Wirkung und wird als schleimlösendes Mittel bei Infektionen der oberen Luftwege verabreicht, ebenso bei Darmerkrankungen. Auch seine blutstillende Wirkung hilft bei der Wundheilung.

Vogelknöterich   *Polygonum aviculare*

Der Vogelknöterich erhielt seinen Namen aufgrund des vielknotigen Stängels und weil sein Samen als Vogelfutter dient. Zwischen Mai und Oktober erscheinen bis zu 6 grünweißlich bis rosarote Blüten aus 5 Hüllblättern in den Blattachseln. Da die Blüten keinen Nektar bilden, werden sie kaum von Insekten besucht, weshalb sich die Pflanze selbst bestäubt. Aus den Blüten reifen kleine, glänzende, dreikantige Nussfrüchte. Der Vogelknöterich vermehrt sich vegetativ über seine wurzelnden Ausläufer.

Beschreibung

Merkmale ■ Familie der Knöterichgewächse *(Polygonaceae)*, einjährige krautige Pflanze, bis zu 60 cm lang, Wurzel bis 80 cm tief, Stängel liegend, selten aufrecht, Blätter länglich-elliptisch, bläulichgrün

Vorkommen ■ Wege, Schuttplätze, Gräben, Äcker

Besonderheit ■ Tees aus dem getrockneten Kraut helfen bei rheumatischen Beschwerden sowie Blasen- und Nierenerkrankungen.

Gemeine Quecke

Elymus repens

Beschreibung

Merkmale ■ Familie der Süßgräser *(Poaceae)*, ausdauernde krautige Pflanze, bis zu 120 cm hoch, bildet Horste, kriechende Ausläufer, aufrechte Halme, schmale Blätter, blau bereift

Vorkommen ■ Wegränder, Ufer, Gebüsche, Weiden, Schuttplätze, Brachen, auch als Zierpflanze

Besonderheit ■ Die Quecke ist ein Wirt für den Pilz *Claviceps purpurea*, der das giftige Mutterkorn bildet.

Die Gemeine Quecke, auch *Kriech-Quecke* oder *Gewöhnliche Quecke* genannt, ist weltweit verbreitet und als Ackerunkraut bekannt. Auf einem Halm stehen endständige, ca. 20 cm lange, ährige Blütenstände mit den für Gräser typischen Spelzen. Die Blüten, die von Juni bis August erscheinen, werden durch den Wind bestäubt. Im zweiten Jahr bilden sich daraus die Samen. Vegetativ vermehrt sich die Quecke vor allem durch die spitzen, kriechenden Ausläufer, die viele Materialien durchdringen. Dadurch ist die Quecke ein schwer ausrottbares Unkraut.

Einjähriges Rispengras
Poa annua

Das Einjährige Rispengras ist das häufigste Gras aus der Familie der Süßgräser und kann Trittrasen bilden. Von Februar bis November, selbst im Schnee, blüht das Gras in mehrblütigen Ährchen, die in lockeren, oft paarweisen Rispen erscheinen. Die Deckspelzen sind grün bis rotviolett gefärbt. Aus den Blüten, die selbst oder vom Wind bestäubt wurden, reifen die typischen einsamigen Spelzfrüchte der Gräser, die Karyopsen. Sie werden von Wind, Schuhwerk, Tierfüßen, Vögeln oder Ameisen verbreitet und keimen auf allen Böden, wachsen in Pflasterspalten, Gärten und auf Äckern.

Beschreibung

Merkmale ■ Familie der Süßgräser *(Poaceae)*, einjährige krautige Pflanze, bis zu 20 cm hoch, bildet kleine Horste, Halme liegend und aufsteigend, Blätter schmal, hellgrün bis grün

Vorkommen ■ Äcker, Wiesen, Brachen, auch als Zierpflanze

Besonderheit ■ Das Rispengras kommt seit einigen Jahrzehnten auch in der Antarktis vor.

Schilfrohr

Phragmites australis

Beschreibung

Merkmale ■ Familie der Süßgräser *(Poaceae)*, Sumpfpflanze, bis zu 4 m hoch, bildet lange Ausläufer, Stängel aufrecht, Blätter graugrün und bis zu 50 cm lang mit 1–2 Querfalten
Vorkommen ■ Röhrichtzone stehender und langsam fließender Gewässer
Besonderheit ■ Schilfrohr wird zum Decken von Reetdächern genutzt.

Das Schilfrohr oder *Gewöhnliche Schilf* ist weit verbreitet und kommt in drei Unterarten in Europa vor. An Seen und Gräben bildet es Monokulturen aus und kann bei gutem Nahrungsangebot auch andere Gräser verdrängen. Von Juli bis September erscheint eine weißliche bis braunviolette Blütenrispe, die nach einer Seite geneigt ist und bis zu 50 cm lang werden kann. Aus den Blüten reifen winzige Fruchtährchen, die sich mit dem Wind ausbreiten. Schilf dient als Unterschlupf für viele Amphibien, Kleintiere und Vögel, führt aber auch zur Verlandung von Gewässern.

Wiesen-Knäuelgras

Dactylis glomerata

Das Wiesen-Knäuelgras, auch *Gewöhnliches Knäuelgras* oder *Knaulgras*, wurde nach seinem knäuelartigen, rispigen Blütenstand benannt. In den Rispen sitzen bis zu 5 Blüten mit behaarten Deckspelzen und kurzen Grannen. Sein Pollen, der auf den langen Staubfäden sitzt, verursacht bei Allergikern Heuschnupfen. Aus den Blüten reifen die typischen Karyopsen der Gräser, die einsamigen Spelzfrüchte. Das Wiesen-Knäuelgras bildet keine Ausläufer, sondern Brutknospen zur vegetativen Vermehrung. Es gilt als gutes Futter- und Weidegras, breitet sich jedoch bei starker Düngung sehr stark aus.

Beschreibung

Merkmale ■ Familie der Süßgräser *(Poaceae)*, mehrjährige, krautige Pflanze, bis zu 120 cm hoch, Horste bildend, Halme aufrecht und rau, Blätter bis zu 10 mm breit

Vorkommen ■ Wiesen, Wegränder, lichte Wälder, auch als Zierpflanze

Besonderheit ■ Wird oft vom parasitierenden Mutterkornpilz befallen, der das hochgiftige Mutterkorn erzeugt.

Wiesen-Fuchsschwanz
Alopecurus pratensis

Beschreibung

Merkmale ■ Familie der Süßgräser *(Poaceae)*, aufrecht wachsendes, ausdauerndes Gras, bis zu 1 m hoch, lockere Horste bildend, Halme aufrecht, Blätter aufrecht, Oberseite rau

Vorkommen ■ Feuchte Wiesen, Gärten, Uferbereiche

Besonderheit ■ Der Wiesenfuchsschwanz ähnelt äußerlich stark dem Wiesenliechgras.

Der Wiesen-Fuchsschwanz bildet eine 1 cm dicke, dichte Ährenrispe aus, die bis 12 cm lang sein kann. In der Rispe sitzen einblütige, länglich elliptische Ährchen mit begrannten Hüllspelzen und gelblichen bis purpurfarbenen Staubbeuteln. Die Blüten werden vom Wind bestäubt. Aus ihnen reifen die typischen Kayropsen, die einsamigen Spelzfrüchte der Gräser. Der Wiesen-Fuchsschwanz vermehrt sich auch vegetativ über Ausläufer.